U0293962

国家示范性高等职业院校优质核心课程改革教材

工程招投标与合同管理实务

主　编　杨陈慧　王　替
主　审　李全怀

人民交通出版社

内 容 提 要

本书是国家示范性高等职业院校优质核心课程改革教材。该书选取一个真实工程项目为贯穿项目,按项目工作程序设计了招标实务与纠纷处理、投标实务和合同签订、合同监控与变更处理、合同纠纷处理与索赔管理四个学习情境。

本书适用于高等职业技术院校建筑工程技术专业学材,也可用作相关技术人员的参考用书。

图书在版编目(CIP)数据

工程招投标与合同管理实务/杨陈慧,王嘟主编.
—北京:人民交通出版社,2010.9
国家示范性高等职业院校优质核心课程改革教材
ISBN 978-7-114-08657-1

Ⅰ.①工… Ⅱ.①杨… ②王… Ⅲ.①建筑工程-招标-高等学校:技术学校-教材②建筑工程-投标-高等学校:技术学校-教材③建筑工程-合同-管理-高等学校:技术学校-教材 Ⅳ.①TU723

中国版本图书馆 CIP 数据核字(2010)第 173084 号

国家示范性高等职业院校优质核心课程改革教材

书　　名:工程招投标与合同管理实务
著 作 者:杨陈慧　王　嘟
责任编辑:戴慧莉
出版发行:人民交通出版社
地　　址:(100011)北京市朝阳区安定门外外馆斜街 3 号
网　　址:http://www.ccpress.com.cn
销售电话:(010)59757973
总 经 销:人民交通出版社发行部
经　　销:各地新华书店
印　　刷:北京鑫正大印刷有限公司
开　　本:787×1092　1/16
印　　张:8.75
字　　数:224 千
版　　次:2010 年 9 月　第 1 版
印　　次:2016 年 1 月　第 4 次印刷
书　　号:ISBN 978-7-114-08657-1
定　　价:22.00 元
(有印刷、装订质量问题的图书由本社负责调换)

四川交通职业技术学院
优质核心课程改革教材编审委员会

序 *Xu*

为贯彻教育部、财政部《关于实施国家示范性高等职业院校建设计划,加快高等职业教育改革与发展的意见》(教高【2006】14 号)和《关于全面提高高等职业教育教学质量的若干意见》(教高【2006】16 号)精神,作为国家示范性高等职业院校建设单位,我院从 2007 年开始组织探索如何设计开发既能体现职业教育类型特点,又能满足高等教育层次需求的专业课程体系和教学方法。三年来,我们先后邀请了多名国内外职业教育专家,组织进行了现代职业技术教育理论系统学习和职业技术教育课程开发方法系统的培训;在课程开发专家团队指导下,按照"行业分析,典型工作任务,行动领域,学习领域"的开发思路,以职业分析为依据,以培养职业行动能力为核心,对传统的学科式专业课程进行解构和重构,形成了以学习领域课程结构为特征的专业核心课程体系;与企业专业技术人员共同组成课程开发团队,按照企业全程参与的建设模式、基于工作过程系统化的建设思路,完成了 10 个重点建设专业(4 个为中央财政支持的重点建设专业)核心课程的学材、电子资源、试题库、网络课程和生产问题资源库等内容的建设和完善,在课程建设方面取得了丰厚的成果。

对示范院校建设工程而言,重点专业建设是龙头;在专业建设项目中,课程建设是关键。职业教育的课程改革是一项长期艰苦的工作,它不是片面的课程内容的解构和重构,必须以人才培养模式创新为核心,实训条件的改善、实训项目的开发、教学方法的变革、双师结构教师团队的建设等一系列条件为支撑。三年来,我们以课程改革为抓手,力图实现全面的建设和提升;在推动课程改革中秉承"片面地借鉴,不如全面地学习",全面地学习和借鉴,认真地研究和实践;始终追求如何在课程建设方面做出中国特色,做出四川特色,做出交通特色。

历经 1 000 多个日日夜夜的辛劳,面对包含了我们教师团队心血,即将破茧的课程建设成果的陆续出版,感到几分欣慰;面对国际日益激烈的经济的竞争,面对我国交通现代化建设的巨大需求,感到肩上的压力倍增。路漫漫其修远兮,吾将上下而求索! 希望更多的人来加入我们这个团结、奋进、开拓、进取的团队,取得更多更好的成果。

在这些教材的编写过程中,相关企业的专家给予了很多的支持与帮助,在此谨表示衷心的感谢!

四川交通职业技术学院院长

前　　言

　　招投标与合同管理工作,是建筑工程技术专业高职毕业生就业后将要从事的主要工作,是技术负责、责任工长等岗位的工作内容之一。招投标与合同管理知识的学习对学生职业能力培养和职业素养养成起主要支撑或明显促进作用。

　　通过对生产一线资料员、招投标人员、合同管理员、监理员等岗位工作的调查分析,我们遵循学生职业能力培养的基本规律,以真实工作任务及其工作过程为依据,整合教学内容,编写了《工程招投标与合同管理实务》这门课程的学生用书。

　　本书是国家示范性高等职业院校优质核心课程改革教材。该书选取一个真实工程项目为贯穿项目,按项目工作程序设计了四个学习情境,共 14 个工作任务。第一个学习情境是招标实务与纠纷处理,设置了 3 个工作任务。第二个学习情境是工程投标实务与合同签订,涉及 6 个工作任务。学生应根据项目的实际情况和招标要求,收集和分析投标信息,进行投标决策和制订工作流程,准备投标资料,编制与递送投标文件,进行合同评审、谈判和签订。第三个学习情境是合同监控与变更处理,共设置了 3 个工作任务。通过本情境的学习,学生能熟练地进行合同监控和合同变更,同时完成资料记录存档。第四个学习情境是合同纠纷处理与索赔管理,设置了 2 个工作任务。通过本情境的学习,对于突发事件,学生能依据既定程序,积极沟通和谈判,及时处理一般合同纠纷;还能依据前期管理资料,对索赔费用和索赔工期进行审核,制订索赔方案,按照索赔工作程序处理索赔事务。该情境更强调所学知识的综合运用和人际关系的协调沟通。学习本课程后,学生应具备资料员、监理员、合同管理员的岗位能力。

　　本书由杨陈慧、王替主编,由中国路桥工程有限责任公司高级工程师、副总经理李全怀主审。学习情境一由杨陈慧、杨甲奇编写,学习情境二的任务一至任务四由王替、杨甲奇编写,学习情境二的任务五、任务六及学习情境三的任务一、任务二由杨陈慧、李燕编写,学习情境三的任务三和学习情境四由杨陈慧、杨瑞林编写。在本书编写过程中,中建二局四川装饰分公司刘小飞经理,四川省交通厅质量站刘守明站长,大连职业技术学院唐舵、李英老师,成都农业科技职业学院建筑工程学院冯光荣院长,成都衡泰工程管理有限公司薛昆高工给予了大力支持和帮助,在此表示衷心的感谢。

　　由于编写时间仓促和经验不足,该学材还存在很多问题,敬请大家指教。

编　者
2010 年 5 月

目　　录

学习情境一 招标实务与纠纷处理

任务一 招标准备与决策

一、任务描述

某实训中心工程,投资约 6 700 万元人民币,建筑面积约 40 000m²。目前,你所在单位的任务是:就土建施工完成招标准备与决策工作。

二、学习目标

通过本学习任务的学习,你应当:

1. 能按照正确的方法和途径,落实招标条件,收集相关信息;
2. 能依据信息分析结果选择招标方式及招标组织形式,划分招标标段;
3. 能按照招标工作时间限定,进行合同打包,选择合同计价方式,完成项目报建和备案;
4. 通过完成该任务,提出后续工作建议,完成自我评价,并提出改进意见。

三、任务实施

(一)任务引入

引导问题:现有某工程施工项目招标,你所在单位受招标人委托,首先要完成招标准备与决策工作。

1. 完成本次任务的前提条件是什么?

_____

_____

_____

2. 招标有哪些前期准备工作?

_____

_____

_____

3. 招标决策的依据是什么?

_____

_____

_____

（二）学习准备

引导问题：招标准备与决策应从哪些方面进行知识准备？

_____

_____

_____

_____

_____

> **提示：**
> 1. 落实招标条件；
> 2. 组建招标机构；
> 3. 选择招标方式；
> 4. 标段划分与合同打包。

（三）任务实施

【案例1】

某引水式水电站工程，装机容量5 000kW，引水隧洞约3.2km，首部枢纽为混凝土闸坝，电站为地面式厂房。招标人在招标时将引水隧洞划分为3个标段，闸坝部分基础处理单独招标，厂房部分作为一个标段进行招标。因此，整个工程共分成了6个标段，招标中共有4家单位中标。这样，使得4家施工单位相互交错进行施工，各单位之间不可避免地出现了这样或那样的干扰，在一定程度上影响了整个工程的施工进度。而且，招标人、监理方为了协调好各施工单位之间的干扰和矛盾，动用了大量的人力，花费了大量的时间。

引导问题1：案例1中的招标方在招标前应完成哪些准备工作？

_____

_____

_____

_____

_____

引导问题2：根据本项目情况，填写表1-1、表1-2，完成招标准备工作。

招标准备工作完成记录表　　　　　　　　　　　　表1-1

序　号	工 作 内 容		工 作 记 录
1	完成审批手续		

序　号	工　作　内　容		工　作　记　录
2	资金		
3	技术资料		
4	其他资料		

建设工程项目报建登记表

报建审字第　　号　　　　　　　　　　　　　　　　　　　　表 1-2

建设单位 工程名称 建设规模			单位地址 建设地点 总投资	
资金来源			拟定发包方式	
投资计划文号				
投资许可证			计划开竣工日期	
工程筹建情况	建设用地			
	拆　迁			
	勘　察			
	设　计			
	负责人			
	经办人			
建设单位意见			（盖章） 年　月　日	
所属主管部门意见			（盖章） 年　月　日	
建设行政主管部门意见			（盖章） 年　月　日	

提示：

报建程序如下：

(1)建设单位到建设行政主管部门或其授权机构领取《工程建设项目报建表》。

(2)按报建表的内容及要求认真填写。

(3)有上级主管部门的需经其批准同意后，一并报送建设行政主管部门，并按要求进行招标准备。

(4)工程建设项目的投资和建设规模有变化时，建设单位应及时到建设行政主管部门或其授权机构进行补充登记。筹建负责人变更时，应重新登记。

凡未报建的工程建设项目，不得办理招投标手续和发放施工许可证，设计、施工单位不得承接该项工程的设计和施工任务。

引导问题 3：案例 1 中的招标方在招标决策上出现了什么失误？

_____

_____

_____

_____

_____

引导问题 4：标段划分和合同打包时应考虑哪些因素？

_____

_____

_____

_____

_____

引导问题 5：合同计价方式有哪些？应如何选择？

_____

_____

_____

引导问题 6：检查本次招标决策所需资料是否齐全？完成表 1-3 的填写。

招标决策资料清查表　　　　　　　　　　　　　　　表 1-3

投标资料清单 （对照投标文件内容及格式要求）	完 成 时 间	责 任 人	任务完成则画"√"
			□
			□
			□
			□
			□
			□
			□

引导问题 7：根据本项目情况，填写表 1-4，完成招标决策。

招 标 决 策 表 表1-4

招标方式	分标情况	发包范围	合同计价方式	理　由

引导问题 8：对本次投标项目进行风险评估，完成表 1-5 的填写。

风 险 评 估 表 表1-5

风险种类	风险描述	风险几率	影 响 性
总　　评			

四、任务评价

1. 完成表 1-6 的填写。

任 务 评 价 表 表1-6

考核项目	分　数			学生自评	小组互评	教师评价	小　计
	差	中	好				
是否具备团队合作精神	1	3	5				
是否积极参与活动	1	3	5				
工作过程安排是否合理规范	2	10	18				
陈述是否完整、清晰	1	3	5				
是否正确灵活运用已学知识	2	6	10				
是否遵守劳动纪律	1	3	5				
招标准备与决策是否满足任务要求	2	4	6				
项目风险评估是否准确	2	4	6				
总　　计	12	36	60				
教师签字：				年　月　日		得分	

2. 自我评价。

(1)完成此次任务过程中存在的主要问题有哪些?

_____

_____

_____

_____

(2)产生问题的原因有哪些?_____

_____

_____

(3)请提出相应的解决方法:_____

_____

_____

(4)你认为还需加强哪方面的指导(实际工作过程及理论知识)?

_____

_____

_____

_____

_____

_____

_____

五、拓展训练

请就四川交通职业技术学院第4实训楼招标准备与决策进行描述和评价。

_____

_____

_____

_____

_____

_____

_____

_____

_____

_____

_____

任务二　招标文件编制与审订

一、任务描述

某实训中心工程,投资约 6 700 万元人民币,建筑面积约 40 000m²。就土建施工,你所在单位已完成招标准备与决策工作。目前的任务是进行招标文件编制与审订。

二、学习目标

通过本学习任务的学习,你应当:

1. 能按照正确的方法和途径,收集编制招标文件的相关资料;
2. 能依据信息分析结果完成资格预审文件、招标文件、标底及其他相关资料的编制;
3. 能按照招标工作时间限定,进行招标文件的汇总与审核;
4. 通过完成该任务,提出后续工作建议,完成自我评价,并提出改进意见。

三、任务实施

(一)任务引入

引导问题:现有某工程施工项目招标,你所在单位受招标人委托,在完成招标准备与决策工作后,需进行招标文件的编制与审订。

1. 完成本次任务的前提条件是什么?

2. 招标文件编制涉及哪些资料的编制?

3. 标底编制的依据是什么?

4. 如何进行招标文件审订与汇总?

(二)学习准备

引导问题:招标文件编制与审订应从哪些方面进行知识准备?

_____

_____

_____

_____

> **提示:**
> 1.《标准施工招标资格预审文件》(2007 年版);
> 2.《标准施工招标文件》(2007 年版);
> 3. 工程招标标底的编制原则、依据和方法;
> 4. 标底送审、交底、封存、文件汇总与装订;
> 5. www.zhaobiao.gov.cn 中国建设招标网;
> 6. www.zaojiashi.com 中国造价师考试网。

(三)任务实施

资料链接 1

《标准施工招标资格预审文件》(2007 年版)第一卷

第一章 资格预审公告

_____(项目名称)_____标段施工招标资格预审公告

(代招标公告)

1. 招标条件

本招标项目_____(项目名称)已由_____(项目审批、核准或备案机关名称)以_____(批文名称及编号)批准建设,项目业主为_____,建设资金来自_____(资金来源),项目出资比例为_____,招标人为_____。项目已具备招标条件,现对该项目的施工进行公开招标,特邀请有兴趣的潜在投标人(以下简称申请人)提出资格预审申请。

2. 项目概况与招标范围

_____

(说明本次招标项目的建设地点、规模、计划工期、招标范围、标段划分等)。

3. 投标人资格要求

3.1 本次资格预审要求投标人须具备_____资质、业绩,并在人员、设备、资金等方面具有相应的施工能力。

3.2 本次资格预审_____(接受或不接受)联合体投标。联合体投标的,应满足下列求:_____。

3.3 各申请人人均可就上述标段中的_____(具体数量)个标段投标。

4. 资格预审方法

本次资格预审采用_____(合格制/有限数量制)。

5. 资格预审文件的获取

5.1 请申请人于_____年_____月_____日至_____年_____月_____日(法定公休日、法定节假日除外),每日上午_____时至_____时,下午_____时至_____时(北京时间,下同),在_____(详细地址)持单位介绍信购买资格预审文件文件。

5.2 资格预审文件文件每套售价_____元,售后不退。图纸押金_____元,在退还图纸时退还(不计利息)。

5.3 邮购资格预审文件的,需另加手续费(含邮费)_____元。招标人在收到单位介绍信和邮购款(含手续费)后_____日内寄送。

6. 资格预审文件的递交

6.1 资格预审文件递交的截止时间(投标截止时间,下同)为_____年_____月_____日_____时_____分,地点为_____。

6.2 逾期送达的或者未送达指定地点的资格预审文件,招标人不予受理。

7. 发布公告的媒介

本次招标公告同时在_____(发布公告的媒介名称)上发布。

8. 联系方式

招 标 人:_____	招标代理机构:_____
地 址:_____	地 址:_____
邮 编:_____	邮 编:_____
联 系 人:_____	联 系 人:_____
电 话:_____	电 话:_____
传 真:_____	传 真:_____
电 子 邮 件:_____	电 子 邮 件:_____
网 址:_____	网 址:_____
开 户 银 行:_____	开 户 银 行:_____
账 号:_____	账 号:_____

第二章 申请人须知

条款号	条款名称	编列内容
1.1.2	招 标 人	名　称: 地　址: 联 系 人: 电　话:
1.1.3	招标代理机构	名　称: 地　址: 联 系 人: 电　话:
1.1.4	项 目 名 称	
1.1.5	建 设 地 点	
1.2.1	资 金 来 源	
1.2.2	出 资 比 例	
1.2.3	资金落实情况	
1.3.1	招 标 范 围	

条 款 号	条 款 名 称	编 列 内 容
1.3.2	计 划 工 期	计划工期：＿＿日历天 计划开工日期：＿＿年＿＿月 计划竣工日期：＿＿年＿＿月
1.3.3	质 量 要 求	
1.4.1	申请人资质条件、能力和信誉	资质条件： 财务要求： 业绩要求： 信誉要求： 项目经理（建造师，下同）资格： 其他要求：
1.4.2	是否接受联合体资格预审申请	口不接受 口接受，应满足下列要求：
2.2.1	申请人要求澄清资格预审文件的截止时间	
2.2.2	招标人澄清资格预审文件的截止时间	
2.2.3	申请人确认收到资格预审文件澄清的时间	
2.3.1	招标人修改资格预审文件的截止时间	
2.3.2	申请人确认收到资格预审文件修改的时间	
3.1.1	申请人需补充的其他材料	
3.2.4	申请人需补充的其他材料	
3.2.5	近年财务状况的年份要求	＿＿年
3.2.7	近年完成的类似项目的年份要求	＿＿年
3.3.1	近年发生的诉讼及仲裁情况的年份要求	＿＿年
3.3.2	签字或盖章要求	
3.3.3	资格预审申请文件副本份数	
4.1.2	封套上写明	招标人的地址： 招标人全称： ＿＿＿＿＿＿（项目名称）＿＿＿＿＿标段施工申请文件 在＿＿年＿＿月＿＿日＿＿时＿＿分前不得开启
4.2.1	申请截止时间	＿＿年＿＿月＿＿日＿＿时＿＿分
4.2.2	递交资格预审申请文件的地点	
4.2.3	是否退还资格预审申请文件	
5.1.2	审查委员会人数	
5.2	资格审查方法	
6.1	资格预审结果的通知时间	
6.3	资格预审结果的确认时间	
9	需要补充的其他内容	
……	……	
……	……	

引导问题 1:阅读资料链接 1,回答以下问题:

1. 编制资格审查文件的目的是什么?

_____

_____

_____

_____

_____

2. 编制资格审查文件应包括哪些内容?

(1) _____

(2) _____

(3) _____

(4) _____

(5) _____

(6) _____

(7) _____

(8) _____

(9) _____

引导问题 2:根据本项目情况,拟订预审公告。

引导问题 3:招标文件由几部分组成? 主要内容有哪些?

_____

_____

_____

_____

_____

_____

_____

_____

《标准施工招标文件》(2007 年版)第一卷
投 标 须 知

条款号	条 款 名 称	编 列 内 容
1.1.2	招 标 人	名　称: 地　址: 联 系 人: 电　话:
1.1.3	招标代理机构	名　称: 地　址: 联 系 人: 电　话:
1.1.4	项 目 名 称	
1.1.5	建 设 地 点	
1.2.1	资 金 来 源	
1.2.2	出 资 比 例	
1.2.3	资金落实情况	
1.3.2	计 划 工 期	计划工期:_____日历天 计划开工日期:年____月____日 计划竣工日期:年____月____日
1.3.3	质 量 要 求	
1.4.1	投标人资质条件、能力和信誉	资质条件: 财务条件: 业绩条件: 信誉要求: 项目经理(建造师,下同)资格 其他要求:
1.4.2	是否接受联合体投标	□不接受 □接受
1.9.1	踏 勘 现 场	□不组织 □组织,踏勘时间: 踏勘集中地点:
1.10.1	投标预备会	□不召开 □召开,召开时间: 召开地点
1.10.2	投标人提出问题的截止时间	
1.10.3	招标人书面澄清的时间	

条款号	条款名称	编列内容
1.11	分　包	□不允许 □允许,分包内容要求: 分包金额要求: 接受分包的第三人资质要求:
1.12	偏　离	□不允许 □允许
2.1	构成招标文件的其他材料	
2.2.1	投标人要求澄清招标文件的截止时间	
2.2.2	投标截止时间	年___月___日___时___分
2.2.3	投标人确认收到招标文件澄清的时间	
2.3.2	投标人确认收到招标文件修改的时间	
3.1.1	构成投标文件的其他材料	
3.3.1	投标有效期	
3.4.1	投标保证金	投标保证金的形式 投标保证金的金额
3.5.2	近年财务状况的年份要求	___年
3.5.3	近年完成的类似项目的年份要求	___年
3.5.5	近年发生的诉讼及仲裁情况的年份要求	___年
3.6	是否允许递交备选方案	□不允许 □允许
3.7.3	签字或盖章要求	
3.7.4	投标文件副本份数	
4.1.2	封套上写明	招标人的地址: 招标人名称: (项目名称)___标段投标文件 在年___月___日___时___分 不得开启
4.2.2	递交投标文件地点	
4.2.3	是否退还投标文件	□否 □是
5.1	开标时间和地点	开标时间:同投标截止时间 开标地点:
5.2	开　标　程　序	(4)密封情况检查: (5)开标顺序:
6.1.1	评标委员会的组建	评标委员会构成:___人,其中招标人代表___人, 专家___人: 评标专家确定方式:

条款号	条款名称	编列内容
7.1	是否授权评标委员会确定中标人	□是 □否,推荐的中标候选人数:
7.3.1	履约担保	履约担保的形式: 履约担保的金额:
10	需要补充的其他内容	
……	……	
……	……	

引导问题4: 阅读资料链接2,回答以下问题:

1. 投标须知由几部分组成? 主要内容有哪些?

_____

_____

_____

_____

_____

2. 编制投标须知应注意哪些问题?

_____

_____

_____

_____

_____

引导问题5: 根据本项目情况,编制投标须知前附表。

【案例1】

某工程采用公开招标方式，有 A、B、C、D、E、F 6 家承包商参加投标，经资格预审该 6 家承包商均满足业主要求。该工程采用两阶段评标评标，评标委员会由 7 名委员组成，评标的具体规定如下。

（1）第一阶段评技术标。

技术标共计 40 分，其中施工方案 5 分，总工期 8 分，工程质量 6 分，项目班子 6 分，企业信誉 5 分。技术标各项内容的得分，为各评委评分去除一个最高分和一个最低分后的算术平均分数。技术标合计得分不满 28 分者，不再评其商务标。

表 1-7 为各评委对 6 家承包商施工方案评分的汇总表。表 1-8 为各承包商总工期、工程质量、项目班子、企业信誉得分汇总表。

施工方案评分汇总表　　　　　　　　　表 1-7

投标单位＼评委	一	二	三	四	五	六	七
A	13.0	11.5	12.0	11.0	11.0	12.5	12.5
B	14.5	13.5	14.5	13.0	13.5	14.5	14.5
C	12.0	10.0	11.5	11.0	10.5	11.5	11.5
D	14.0	13.5	13.5	13.0	13.5	14.0	14.5
E	12.5	11.5	12.0	11.0	11.5	12.5	12.5
F	10.5	10.5	10.5	10.0	9.5	11.0	10.5

总工期、工程质量、项目班子、企业信誉得分汇总表　　　　表 1-8

投标单位	总 工 期	工程质量	项目班子	企业信誉
A	6.5	5.5	4.5	4.5
B	6.0	5.0	5.0	4.5
C	5.0	4.5	3.5	3.0
D	7.0	5.5	5.0	4.5
E	7.5	5.0	4.0	4.0
F	8.0	4.5	4.0	3.5

（2）第二阶段评商务标。

商务标共计 60 分。以标底的 50% 与承包商报价算术平均数的 50% 之和为基准价，但最高（或最低）报价高于（或低于）次高（或次低）报价的 15% 者，在计算承包商报价算术平均数时不予考虑，且商务标得分为 15 分。以基准价为满分（60 分），报价比基准每下降 1%，扣 1 分，最多扣 10 分；报价比基准价每增加 1%，扣 2 分，扣分不保底。（计算结果保留两位小数）

表 1-9 为标底和各承包商的报价汇总表。

报 价 汇 总 表　　　　　　　单位：万元　　表 1-9

投标单位	A	B	C	D	E	F	标底
报价	13 656	11 108	14 303	13 098	13 241	14 125	13 790

引导问题 6：阅读案例 1，回答以下问题：

1. 评标方法有哪些？应如何编写？

_____

_____

_____

_____

_____

_____

2.【案例 1】中的评标如按综合得分最高者中标的原则，应确定谁是中标单位？

_____

_____

_____

_____

_____

_____

_____

_____

_____

资料链接 3

《标准施工招标文件》(2007 年版)第一卷

第三章 评标办法（经评审的最低投标价法）

条款号		评审因素	评审标准
2.1.1	形式评审标准	投标人名称	与营业执照、资质证书、安全生产许可证一致
		投标函签字盖章	有法定代表人或其委托代理人签字或加盖单位章
		投标文件格式	符合第八章"投标文件格式"的要求
		联合体投标人	提交联合体协议书，并明确联合体牵头人（如有）
		报价唯一	只能一个有效报价
		……	……
2.1.2	资格评审标准	营业执照	具备有效的营业执照
		安全生产许可证	具备有效的安全生产许可证
		资质等级	符合第二章"投标人须知"第 1.4.1 项规定
		财务状况	符合第二章"投标人须知"第 1.4.1 项规定
		类似项目业绩	符合第二章"投标人须知"第 1.4.1 项规定
		信誉	符合第二章"投标人须知"第 1.4.1 项规定
		项目经理	符合第二章"投标人须知"第 1.4.1 项规定
		其他要求	符合第二章"投标人须知"第 1.4.1 项规定
		联合体投标人	符合第二章"投标人须知"第 1.4.2 项规定（如有）
		……	……

条款号	评审因素		评审标准
2.1.3	响应性评审标准	工期	符合第二章"投标人须知"第1.3.1项规定
		工程质量	符合第二章"投标人须知"第1.3.2项规定
		投标有效期	符合第二章"投标人须知"第1.3.3项规定
		投标保证金	符合第二章"投标人须知"第3.3.1项规定
		权利义务	符合第一章"投标人须知"第3.4.1项规定符合第四章"合同条款及格式"规定
		已标价工程量清单	符合第五章"工程量清单"给出的范围及数量
		技术标准和要求	符合第七章"技术标准和要求"规定
		……	……
2.1.4	施工组织设计和项目管理机构评审标准	施工方案与技术措施	……
		质量管理体系与措施	……
		安全管理体系与措施	……
		环境保护管理体系与措施	……
		工程进度计划与措施	……
		资源配备计划	……
		技术负责人	……
		其他主要人员	……
		施工设备	……
		试验、检测仪器设备	……
		……	……

条款号	量化因素	量化标准
2.2	详细评审标准	单价遗漏	……
		付款条件	……
……	……	

第三章 评标办法(综合评估法)
评标办法前附表

条款号	评审因素		评审标准
2.1.1	形式评审标准	投标人名称	与营业执照、资质证书、安全生产许可证一致
		投标函签字盖章	有法定代表人或其委托代理人签字或加盖单位章
		投标文件格式	符合第八章"投标文件格式"的要求
		联合体投标人	提交联合体协议书,并明确联合体牵头人(如有)
		报价唯一	只能一个有效报价
		……	……

条款号		评审因素	评审标准
2.1.2	资格评审标准	营业执照	具备有效的营业执照
		安全生产许可证	具备有效的安全生产许可证
		资质等级	符合第二章"投标人须知"第1.4.1项规定
		财务状况	符合第二章"投标人须知"第1.4.1项规定
		类似项目业绩	符合第二章"投标人须知"第1.4.1项规定
		信誉	符合第二章"投标人须知"第1.4.1项规定
		项目经理	符合第二章"投标人须知"第1.4.1项规定
		其他要求	符合第二章"投标人须知"第1.4.1项规定
		联合体投标人	符合第二章"投标人须知"第1.4.2项规定(如有)
		……	……
2.1.3	响应性评审标准	投标内容	符合第二章"投标人须知"第1.3.1项规定
		工期	符合第二章"投标人须知"第1.3.2项规定
		工程质量	符合第二章"投标人须知"第1.3.3项规定
		投标有效期	符合第二章"投标人须知"第3.3.1项规定
		投标保证金	符合第一章"投标人须知"第3.4.1项规定
		权利义务	符合第四章"合同条款及格式"规定
		已标价工程量清单	符合第五章"工程量清单"给出的范围及数量
		技术标准和要求	符合第七章"技术标准和要求"规定
		……	……

条款号	条款内容	编列内容
2.2.1	分值构成(总分100分)	施工组织设计:_____分 项目管理机构:_____分 投标报价:_____分 其他评分因素:_____分
2.2.2	评标基准价计算方法	
	投标报价的偏差率计算公式	偏差率 = 100% ×(投标人报价—评标基准价)/评标

条款号		评分因素	评分标准
2.2.4(1)	施工组织设计评分标准	内容完整性和编制水平	……
		施工方案与技术措施	……
		质量管理体系与措施	……
		安全管理体系与措施	……
		环境保护管理体系与措施	……
		工程进度计划与措施	……
		资源配备计划	……
		……	……

条款号		评 分 因 素	评 分 标 准
2.2.4(2)	项目管理机构 评分标准	项目经理任职资格与业绩	......
		技术负责人任职资格与业绩	......
		其他主要人员	......
		......	......
2.2.4(3)	投标报价评分 标准	偏差率	......
		......	......
2.2.4(4)	其他因素评分 标准	......	......

引导问题7:对照资料链接3,完成本项目的评标办法编写。

引导问题 8：工程招标标底由几部分组成？编写原则和编写依据方法是什么编写方法有哪些？

1. 编写原则是什么？

_____
_____
_____
_____
_____

2. 编写依据是什么？

_____
_____
_____
_____
_____

3. 编制方法有哪些？

_____
_____
_____
_____
_____

引导问题 9：本项目招标标底编制应注意哪些问题？

_____
_____
_____
_____
_____

提示：

（1）做好标底编制前的各项准备工作；

（2）计算工程量；

（3）正确使用定额和补充单价；

（4）正确计算材料价差。

20

引导问题 10:招标文件的汇总与审核的程序和内容有哪些?

1. 审核程序是什么?

_____

_____

_____

_____

_____

2. 审核内容有哪些?

_____

_____

_____

_____

_____

引导问题 11:完成本项目的招标文件审核与汇总。

四、任务评价

1. 完成表1-10的填写。

任 务 评 价 表 　表1-10

考 核 项 目	分 数			学生自评	小组互评	教师评价	小 计
	差	中	好				
是否具备团队合作精神	1	3	5				
活动参与是否积极	1	3	5				
工作过程安排是否合理规范	2	10	18				
陈述是否完整、清晰	1	3	5				
是否正确灵活运用已学知识	2	6	10				
是否遵守劳动纪律	1	3	5				
招标文件编制与审订是否满足任务要求	4	8	12				
总　　计	12	36	60				

教师签字：　　　　　　　　　　　　　　　　　　　　　　年　　月　　日 | 得　分

2. 自我评价。

(1)完成此次任务过程中存在的主要问题有哪些？

_____

_____

(2)产生问题的原因有哪些？_____

_____

(3)请提出相应的解决方法：_____

_____

_____

(4)你认为还需加强哪方面的指导(实际工作过程及理论知识)？

_____

_____

_____

_____

_____

_____

五、拓展训练

请就四川交通职业技术学院第 4 实训楼招标文件编制与审订进行描述和评价。

_____
_____
_____
_____
_____
_____
_____
_____
_____
_____
_____
_____
_____
_____

任务三　招标日常事务与纠纷处理

一、任务描述

某实训中心工程,投资约 6 700 万元人民币,建筑面积约 40 000m^2。就土建施工,你所在单位已完成招标文件编制与审订工作。目前的任务是进行招标日常事务与纠纷处理。

二、学习目标

通过本学习任务的学习,你应当:

1. 能按照招标文件规定,制订招标工作程序;
2. 能发售资格预审文件,完成资格预审工作;
3. 能按照招标工作时间限定,完成招标文件发售、答疑工作;
4. 能按照招标工作时间限定,完成开标、评标;
5. 通过完成该任务,提出后续工作建议,完成自我评价,并提出改进意见。

三、任务实施

(一)任务引入

引导问题:现有某工程施工项目招标,你所在单位受招标人委托,在完成招标文件的编制与审订工作后,需进行招标日常事务与纠纷处理。

1.完成本次任务的前提条件是什么?

_____

_____

_____

2.招标日常事务工作程序是什么?

_____

_____

_____

3.招标日常事务工作重点是什么?

_____

_____

_____

_____

4.招标文件常见纠纷有哪些? 处理的依据和程序是什么?

_____

_____

_____

_____

_____

_____

(二)学习准备

引导问题:招标日常事务与纠纷处理,应从哪些方面进行知识准备?

_____

_____

_____

_____

提示:

1.《标准施工招标资格预审文件》(2007 年版);

2.《标准施工招标文件》(2007 年版);

3.《中华人民共和国招投标法》;

4.资格预审、招标文件发售与答疑、开标、评标与合同签署;

5. www.zhaobiao.gov.cn 中国建设招标网;

6. www.zaojiashi.com 中国造价师考试网。

（三）任务实施

【案例1】

某建设项目实行公开招标,招标过程中出现了下列事件:

(1)招标方于5月8日起发出招标文件,文件中特别强调由于时间较紧要求各投标人不迟于5月23日之前提交投标文件(即确定5月23日为投标截止时间),并于5月10日停止出售招标文件,6家单位领取了招标文件。

(2)招标文件中规定:如果投标人的报价高于标底15%以上一律确定为无效标。招标方请咨询机构代为编制了标底,并考虑投标人存在着为招标方有无垫资施工的情况,编制了两个不同的标底,以适应投标人情况。

(3)5月15日招标方通知各投标人,原招标工程中的土方量增加20%,项目范围也进行了调整,各投标人据此对投标报价进行计算。

(4)招标文件中规定,投标人可以用抵押方式进行投标担保,并规定投标保证金额为投标价格的5%,不得少于100万元,投标保证金有效期时间同投标有效期。

(5)按照5月23日的投标截止时间要求,外地的一个投标人于5月21日从邮局寄出了投标文件,由于天气原因5月25日招标人收到投标文件。本地A公司于5月22日将投标文件密封加盖了本企业公章并由准备承担此项目的项目经理本人签字按时送达招标方。本地B公司于5月20日送达投标文件后,5月22日又递送了降低报价的补充文件,补充文件未对5月20日送达文件的有效性进行说明。本地C公司于5月19日送达投标文件后,考虑自身竞争实力于5月22日通知招标方退出竞标。

(6)开标会议由本市常务副市长主持。开标会议上对退出竞标的C公司未宣布其单位名称,本次参加投标单位仅有5个单位,开标后宣布各单位报价与标底时发现5个投标报价均高于标底20%以上,投标人对标底的合理性当场提出异议。与此同时招标方代表宣布5家投标报价均不符合招标文件规定,此次招标作废,请投标人等待通知(若某投标人退出竞标其保证金在确定中标人后退还)。3d后招标方决定6月1日重新招标,招标方调整标底,原投标文件有效。7月15日经评标委员会评定本地区无中标单位,由于外地某公司报价最低故确定其为中标人。

(7)7月16日发出中标通知书。通知书中规定,中标人自收到中标书之日起30d内按照招标文件和中标人的投标文件签订书面合同。与此同时招标方通知中标人与未中标人。投标保证金在开工前30d内退还。中标人提出投标保证金不需归还,当作履约担保使用。

(8)中标单位签订合同后,将中标工程项目中三分之二工程量分包某未中标人E,未中标人E又将其转包给外地的农民施工单位。

引导问题1:案例1招标过程存在哪些问题,应如何修正?

_____

_____

_____

_____

_____

_____

引导问题 2：请制订本项目的招标工作程序。

_____

_____

_____

_____

_____

_____

_____

【案例2】

A 市 B 购物中心建设项目一期工程评审情况见表 1-11。

评审情况报告表   表 1-11

工 程 名 称		A 市 B 购物中心建设项目一期工程			
栋数	4	结构层次	钢构、框架三层	建筑面积(m²)	29 169.9m²
市政工程建设规模					
标段数量	1	评审时间	2008 年 9 月 24 日	评审地点	A 市建设交易中心
资格预审评审小组成员名单					
姓名	工作单位	职务	职称	专业工作年限	在小组中担任的工作
张一	大合商贸责任公司	经理	会计师	18 年	评审工作
杨天	天星物流发展有限责任公司	副经理	工程师	15 年	评审工作
王洋	第二建设项目管理有限公司	副总经理	工程师	20 年	评审工作
赵宏	第一建设项目管理有限公司	副总经理	工程师	20 年	评审工作
刘立	第三建设项目管理有限公司	副经理	助理工程师	8 年	评审工作
资格预审评审程序和内容					

A 市 B 购物中心建设项目一期工程于 2008 年 8 月 20 日下午 16:30 至 8 月 23 日下午 16:30 在 A 市建设信息网上发布招标公告,网上报名的有 10 家投标单位。于 2008 年 9 月 24 日 9:00 时起至 17:00 时止,共有 15 家投标申请人送达并提交资格证明文件和资料,并在 A 市建设工程交易中心现场受理并核验投标申请人现场提交资格证明文件和资料。

根据招标公告相应条款要求,本着"公开、公平、公正"的原则,在不排除任何潜在投标人的前提下。评审小组现场受理并核验了投标申请人现场提交资格证明文件和资料。审查内容包括:企业营业执照副本;组织机构代码证;资质证书副本;安全生产许可证;网上报名记录;外地企业需另携带甲市建委注册登记证或企业资质认证证明单;拟派项目经理执业资格注册证(一级)、身份证、项目经理劳动合同以及项目经理类似工程经验业绩表及证明资料;项目经理只能担任本工程工工项目的管理工作的承诺函;五大员上岗证;近 3 年经过审计的财务报表;法人代表委托书及被委托人身份证及劳动合同。审查情况为:有 5 家投标单位为合格单位;5 家投标单位为不合格单位(详细情况见下表)。资格预审合格的 5 家投标单位均可参加该施工工程的投标

					资格预审评审结果
投标申请人	安全生产许可证编号	合格/不合格	抽签入围	标　段	未通过资格预审原因
北海建设集团有限公司	提交（编号略）	合格			
大兴建设集团股份有限公司	提交（编号略）	合格			
东乡建筑第九工程局	提交（编号略）	合格			
A市第一建筑公司	提交（编号略）	合格			
A市第二建筑公司	提交（编号略）	合格			
A市第三建筑工程公司	提交（编号略）	不合格			未提交项目经理身份证，2006年度经审计的财务报表未提交；安全生产许可证未提交
吴中建设有限公司	提交（编号略）	不合格			提交的项目经理类似工程结构形式为框架，而不是钢结构
百川建设有限公司	提交（编号略）	不合格			缺2007年度经审计的财务报表；缺授权委托书
红日建设有限公司	提交（编号略）	不合格			项目经理资格证明、类似工程经验、项目经理承诺函、五大员上岗证未提交
东升建设有限公司	提交（编号略）	不合格			近3年经审计财务报表未提交，未提交五大员中施工员上岗证

引导问题3：请阅读案例2中的资格预审评审报告，回答以下问题：

1. 资格审查的程序有哪些？

_____

_____

_____

_____

_____

_____

_____

_____

_____

2.资格审查的方法有哪些?

_____

_____

_____

_____

3.资格预审申请人除应满足初步审查和详细审查的标准外,还不得存在哪些情形?

_____

_____

_____

_____

4.请提交本项目资格预审报告。

_____

_____

_____

_____

_____

【案例3】

某建设项目的业主于 2002 年 3 月 15 日发布该项目施工招标公告,其中载明招标项目的性质、大致规模、实施地点、获取招标文件的办法等事项,要求参加投标的施工单位必须是本市一、二级企业或外地一级企业,近三年内有获省、市优质工程奖的项目,且需提供相应的资质证书和证明文件。4 月 1 日向通过资格预审的施工单位发售招标文件,各投标单位领取招标文件的人员均在一张表格上登记并签收。招标文件中明确规定:工期不长于 24 个月,工程质量为优良,4 月 18 日 16 时为截止时间。

开标时,由各投标人推选的代表检查投标文件的密封情况,确认无误后,由招标人当众拆封,宣读投标人名称、投标价格、工期等内容,还宣布了评标标准和评标委员会名单(共 8 人、其中招标人代表 2 人,招标人上级主管部门代表 1 人、技术专家 3 人,经济专家 2 人),并授权评标委员会直接确定中标人。

引导问题 4:请阅读案例 3,回答以下问题:

1.该项目施工招标在哪些方面不符合《中华人民共和国招标投标法》的有关规定? 请逐一说明。

_____

_____

_____

_____

_____

2. 什么叫开标？开标的一般程序是什么？

_____

_____

_____

_____

_____

3. 评标的程序有哪些？

_____

_____

_____

_____

_____

【综合案例】

某建设项目实行公开招标，招标过程中出现了下列事件：

1. 招标方于5月8日起发出招标文件，文件中特别强调：由于时间较紧要求各投标人于5月23日之前提交投标文件（即确定5月23日为投标截止时间），并于5月10日停止出售招标文件。6家单位领取了招标文件。

2. 招标文件中规定：如果投标人的报价高于标底15%一律确定为无效标。招标方请咨询机构代为编制了标底，并考虑投标人存在着有无为招标方垫资施工的情况，编制了两个不同的标底，以适应投标人情况。

3. 5月15日招标方通知各投标人，原招标工程中的土方量增加20%，项目范围也进行了调整，各投标人据此对投标报价进行计算。

4. 招标文件中规定，投标人可以用抵押方式进行投标担保，并规定投标保证金额为投标价格的5%，不得少于100万元，投标保证金有效期时间同投标有效期。

5. 本地A公司于5月22日将投标文件密封加盖了本企业公章并由准备承担此项目的项目经理本人签字按时送达招标方；本地B公司于5月20日送达投标文件后，5月22日又递送了降低报价的补充文件，补充文件未对5月20日送达文件的有效性进行说明；外地D公司于5月21日从邮局寄出了投标文件，由于天气原因，5月25日招标人收到投标文件；本地F公司于5月19日送达投标文件后，考虑自身竞争实力情况，于5月22日通知招标方退出竞标；公司C、公司E均按照投标截止时间要求递交了投标书。

6. 开标会议由本市常务副市长主持。开标会议上对退出竞标的F公司未宣布其单位名称，本次参加投标单位仅有5个单位，相关数据见表1-12。

开标后宣布各单位报价与标底时发现5个投标报价均高于标底20%以上，投标人对标底的合理性当场提出异议。与此同时招标方代表宣布5家投标报价均不符合招标文件规定，此次招标作废，请投标人等待通知（若某投标人退出竞标其保证金在确定中标人后予以退还）。3d后招标方决定6月1日重新招标，招标方调整标底，原投标文件有效。7月15日，经评标委员会评定，公司C报价最低，故确定其为中标人。

项目＼投标单位	报价（万元）	工期（月）	企业信誉（近三年优良工程率及获奖工程）	项目班子施工经验（承建类似工程百分比，%）	施工方案得分	质保措施得分
A	5 970	36	50%获省优工程一项	30	85	90
B	5 880	37	40%	30	80	85
C	5 850	34	55%获鲁班奖工程一项	40	75	80
D	6 150	38	40%	50	95	85
E	6 090	35	50%	20	90	80

7. 7 月 16 日发出中标通知书。通知书中规定,中标人自收到中标书之日起 30d 内按照招标文件和中标人的投标文件签订书面合同。与此同时招标方通知中标人与未中标人。投标保证金在开工前 30d 内退还。中标人提出投标保证金不需归还,当作履约担保使用。

8. 中标单位签订合同后,将中标工程项目中三分之二工程量分包某未中标人 E,未中标人 E 又将其转包给外地的农民施工单位。

公开招标时,经资格预审 5 家单位参加投标,招标方确定的评标准则如下:

采取综合评分法选择综合分值最高单位为中标单位。评标中,技术性评分占总分的40%,投标报价占 60%。技术性评分中包括施工工期、施工方案、质量保证措施、企业信誉四项内容各占总评分的 10%,其中每单项评分满分为 100 分。

计划工期为 40 个月,每减少一个月加 5 分(单项),超过 40 个月为废标。

设置复合标底,其中招标方标底(6 000 万元)占 60%,投标方有效报价的算术平均数占40%。各单位报价与复合标底的偏差度(取整数)在 ±3% 内为有效标,其中 −3% 对应满分100 分,每上升 1% 扣 5 分。

企业信誉评分原则是:以企业近三年工程优良率为准,100% 为满分,如有国家级获奖工程,每项加 20 分,如有省级优良工程每项加 10 分;项目班子施工经验评分原则是以近三年来承建类似工程与承建总工程百分比计算 100% 为 100 分。该项组织施工方案质量保证措施得分由评委会专家评出。该项得分 = 优良率 × 100 + 优质工程加分 + 类似工程比 × 100。

引导问题 5:请阅读该综合案例回答以下问题:

1. 投标担保、投标保证金的相关规定有哪些?

_____

_____

_____

_____

2. 说明投标过程出现的 8 个事件的正确性及其理由。

_____

_____

_____

_____

_____

3.采用综合评价法确定中标人,其中投标报价评分时以复合标底为基准值确定各投标人商务标得分。

_____

_____

_____

_____

_____

_____

_____

四、任务评价

1.完成表1-13的填写。

任务评价表   表1-13

考核项目	分数			学生自评	小组互评	教师评价	小 计
	差	中	好				
是否具备团队合作精神	1	3	5				
活动参与是否积极	1	3	5				
工作过程安排是否合理规范	2	10	18				
陈述是否完整、清晰	1	3	5				
是否正确灵活运用已学知识	2	6	10				
是否遵守劳动纪律	1	3	5				
招标文件编制与审订是否满足任务要求	4	8	12				
总 计	12	36	60				

教师签字: 年   月   日 得 分

2.自我评价。

(1)完成此次任务过程中存在的主要问题有哪些?

_____

_____

(2)产生问题的原因有哪些? _____

_____

_____

(3)请提出相应的解决方法: _____

_____

_____

_____

（4）你认为还需加强哪方面的指导（实际工作过程及理论知识）？

_____

_____

_____

_____

_____

五、拓展训练

请就四川交通职业技术学院第4实训楼招标事务与纠纷处理进行描述和评价。

_____

_____

_____

_____

_____

_____

_____

_____

_____

_____

_____

_____

学习情境二 工程投标实务与合同签订

任务一 投标前期决策

一、任务描述

现有某工程施工项目招标,你所在施工单位已得知该项目招标信息,单位必须首先决定是否参加该项目投标。作为该工作参加人员,必须收集和分析相关信息,并按照该项目信息分析结果,作出是否投标的决策。附件:某工程项目施工招标公告如下。

二、学习目标

通过木任务的学习,你应当能:

1. 按照正确的方法和途径,收集和分析投标决策所需信息;
2. 按照投标决策的要求和投标工作时间限定,准备投标决策资料;
3. 依据信息分析结果进行投标决策,并提出后续工作建议;
4. 通过完成该任务,完成自我评价,并提出改进意见。

三、任务实施

(一)任务引入

引导问题:现有某工程施工项目招标,你所在施工单位已得知该项目招标信息,单位必须首先决定是否参加该项目投标。

1. 完成本次任务的前提条件是什么?

2. 投标前期决策是什么?

3. 决策的依据是什么?

4. 请根据投标决策工作内容框图(图2-1),初步拟订完成本任务的思路。

_____

_____

_____

_____

_____

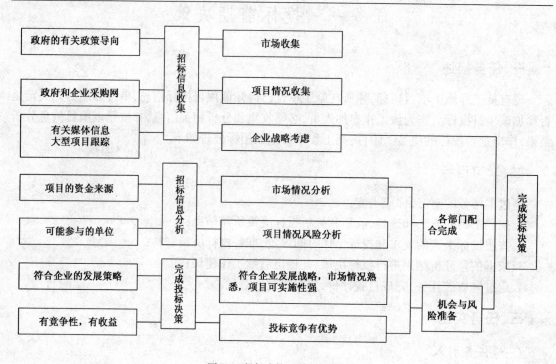

图2-1 投标决策工作内容框图

(二)学习准备

引导问题:投标决策应从哪些方面进行知识准备?

提示:

1.信息收集途径;

2.信息分析;

3.资料检查;

4.资料完善与汇总;

5.资料审核;

6.风险评估;

7.决策时间、方法。

(三)任务实施

引导问题1:招标信息收集渠道有哪些?

(1)信息来源有_____、_____、_____等。

　　(2)有哪些了解信息的渠道和跟踪方式? 各自的特点是什么?

_____

_____

_____

_____

相关链接:本项目招标公告

某工程施工招标公告(四川)

招标编号:

招标编码:CBL_20100324_4603169

开标时间:

所属行业:园林绿化

招标分类:工程招标

标讯类别:国内招标

资金来源:其他

投资金额:万元

所属地区:四川

招标内容:

1.招标条件

1.1　本招标项目成都花园三期商业 II 区景观工程施工已由成都市发展和改革委员会以成发改政务投资函[2006]41 号文件批准建设,项目业主为成都市成都花园开发建设有限公司,建设资金来自业主全部自筹,项目出资比例为100%,招标人为成都市成都花园开发建设有限公司 。项目已具备招标条件,现对该项目的施工进行公开招标。

1.2　本招标项目为四川省行政区域内的国家非政府投资工程建设项目,成都市发展和改革委员会核准(招标事项核准文号为成发改政务招标[2006]41 号)的,招标组织形式为委托招标(□自行招标;√委托招标)。招标人选择的招标代理机构是四川鑫海工程造价咨询事务所有限公司。

2.项目概况与招标范围

2.1　工程概况

建设地点:成都市青羊大道 8 号。

建设规模:绿化面积约 4 700 平方米,铺装面积约 12 000 平方米。

计划工期:60 日历天。

招标范围:施工图所示范围及工程量清单中的全部内容。

标段划分:1 个标段。

3. 投标人资格要求

3.1   资质要求:要求投标人须具备城市园林绿化企业施工承包一级及以上资质的施工企业资质。业绩要求:2007 年 1 月 1 日以来至今至少具有 3 个类似施工业绩(合同金额需达到 1 200 万元及以上)【其中至少 2 个为四川省内项目业绩,需提供承包施工合同和竣工验收报告】;财务要求:2006 年度、2007 年度和 2008 年度未出现亏损;信誉要求:未处于财产被接管、冻结、破产状态,未处于四川省行政区有关行政处罚期间;项目经理(建造师)资格:具有城市园林绿化及相关专业贰级及以上资质,并在人员、设备、资金等方面具有相应的能力。

3.2   在蓉从事房屋建筑和市政基础设施项目的建筑类企业具备《成都市建设领域市场主体信用记录(评价)网络登记表》、《成都市建设领域从业人员信用记录(评价)网络登记表》;四川省省外企业具备《四川省省外企业入川从事建筑活动备案证》。

3.3   本次招标不接受联合体投标。

4. 招标文件的获取

4.1   凡有意参加投标者,请于 2010 年 3 月 25 日至 2010 年 3 月 31 日(法定公休日、法定节假日除外),每日上午 9:00 时至 12:00 时,下午 13:00 时至 17:00 时(北京时间,下同),凭企业市场主体信息卡,在成都市八宝街 111 号成都市建设工程项目交易服务中心网络投标报名系统刷卡报名,获得"网络投标报名回执"。投标人凭"网络投标报名回执"在上述时间内到四川鑫海工程造价咨询事务所有限公司(成都市武侯区火车南站东路 5 号武海美丽南庭 5 栋 1 单元 612)获取招标文件。

4.2   招标文件每套售价 150.00 元,售后不退。图纸押金 1 000 元,在退还图纸时退还(不计利息)。

4.3   招标人不提供邮购招标文件服务。

5. 投标文件的递交

5.1   投标文件递交的截止时间(投标截止时间,下同)为 2010 年 4 月 20 日 9 时 30 分,地点为成都市建设工程项目交易服务中心。

5.2   逾期送达的或者未送达指定地点的投标文件,招标人不予受不理。

6. 发布公告的媒介

本次招标公告在中国采购与招标网上发布。

7. 联系方式

招标人:成都市成都花园开发建设有限公司

招标代理机构:四川鑫海工程造价咨询事务所有限公司

地址:成都市青羊大道 188 号

地址:成都市武侯区火车南站东路 5 号武海美丽南庭 5 栋 1 单元 612

联系人:唐女士

电话:(略)

传真:(略)

传真:(略)

电子邮件:(略)

电子邮件:(略)

开户银行:(略)

账号:(略)

(3)根据本项目收集情况,完成表2-1的填写。

信息收集分析表　　　　　　　　　　　　　　　　表2-1

市　场　概　况	
项　目　概　况	
资　金　来　源	
业　主　资　信	
竞　争　对　手	
企业自身优势	
企业自身劣势	
法　律　法　规	
风　险　因　素	

引导问题2:投标决策机制有哪些?

1.投标决策涉及哪些部门和人员? 各自的任务和要求是什么?

_____

_____

2.投标决策工作完成的期限是_____;投标决策的方法分别是

_____、_____、_____、_____、_____。

3.各小组请按决策机制对小组成员进行任务分配,并确定考核办法。

(1)本次任务的决策机制是什么?

_____

_____

(2)小组成员任务分配情况是什么?

_____

_____

(3)本次任务的考核办法是什么?

_____

_____

_____

引导问题3：依据信息分析结果,应如何对决策资料进行检查和完善?

1. 依据＿＿＿＿＿＿和＿＿＿＿＿＿,首先对照＿＿＿＿＿＿＿＿＿,分析决策资料的＿＿＿＿＿＿、＿＿＿＿＿＿和＿＿＿＿＿＿;

2. 如有不满足要求的资料,应作如下处理:＿＿＿＿＿＿＿＿＿＿＿＿

＿＿＿＿＿＿＿＿＿＿＿＿＿＿＿＿＿＿＿＿＿＿＿＿＿＿＿＿＿＿＿＿＿＿＿＿

＿＿＿＿＿＿＿＿＿＿＿＿＿＿＿＿＿＿＿＿＿＿＿＿＿＿＿＿＿＿＿＿＿＿；

3. 然后结合项目情况和＿＿＿＿＿＿＿以及＿＿＿＿＿＿＿,检查分析决策资料的＿＿＿＿＿＿、＿＿＿＿＿＿和＿＿＿＿＿＿;

如有不符合,应作如下处理:

＿＿＿＿＿＿＿＿＿＿＿＿＿＿＿＿＿＿＿＿＿＿＿＿＿＿＿＿＿＿＿＿＿＿＿＿

＿＿＿＿＿＿＿＿＿＿＿＿＿＿＿＿＿＿＿＿＿＿＿＿＿＿＿＿＿＿＿＿＿＿＿＿

＿＿＿＿＿＿＿＿＿＿＿＿＿＿＿＿＿＿＿＿＿＿＿＿＿＿＿＿＿＿＿＿＿＿＿＿

4. 请检查此次需准备的投标决策所需资料是否齐全,完成表2-2的填写。

招标决策资料清查表　　　　　　　　　　　表2-2

投标资料清单 (对照投标文件内容及格式要求)	完 成 时 间	责 任 人	任务完成则画"√"
			□
			□
			□
			□
			□
			□
			□

引导问题4：如何进行投标决策资料的审核?

1. 针对本项目资料,如何修改? 谁修改? 投标决策资料修改后是否还需要重新审核?

＿＿＿＿＿＿＿＿＿＿＿＿＿＿＿＿＿＿＿＿＿＿＿＿＿＿＿＿＿＿＿＿＿＿＿＿

＿＿＿＿＿＿＿＿＿＿＿＿＿＿＿＿＿＿＿＿＿＿＿＿＿＿＿＿＿＿＿＿＿＿＿＿

＿＿＿＿＿＿＿＿＿＿＿＿＿＿＿＿＿＿＿＿＿＿＿＿＿＿＿＿＿＿＿＿＿＿＿＿

2. 如何控制修改和完善投标决策资料的质量和时间？

_____

_____

_____

_____

> **提示：**
>
> 1. 依据单位投标决策管理的规定和流程，严格执行，做好审核记录，便于检查；
> 2. 依照"谁做资料，谁修改"的原则，修改后需要重新审核；
> 3. 严格控制修改资料的时间和质量，并重新整理和汇总，注意不要混淆新旧资料等。

3. 请对本次投标项目进行风险评估，完成表2-3的填写。

表2-3

风 险 种 类	风 险 描 述	风 险 几 率	影 响 性
总　评			

4. 本次项目是否投标？

_____

_____

5. 决策依据是什么？

_____

_____

_____

6. 简要陈述本次任务工作工程。

_____

_____

_____

_____

四、任务评价

1. 完成表2-4的填写。

考 核 项 目	分　数			学生自评	小组互评	教师评价	小　计
	差	中	好				
是否具备团队合作精神	1	3	5				
是否积极参与活动	1	3	5				
工作过程安排是否合理、规范	2	10	18				
陈述是否完整、清晰	1	3	5				
是否正确灵活运用已学知识	2	6	10				
是否遵守劳动纪律	1	3	5				
投标工作流程是否符合投标要求	2	4	6				
投标工作重点是否准确	2	4	6				
总　　计	12	36	60				

教师签字：　　　　　　　　　　　　　　　年　　月　　日｜得 分

2. 自我评价。

(1)完成此次任务过程中存在的主要问题有哪些？

_____

_____

(2)产生问题的原因有哪些？

_____

_____

(3)请提出相应的解决方法：_____

_____

_____

(4)你认为还需加强哪方面的指导(实际工作过程及理论知识)？

_____

_____

_____

_____

_____

五、拓展训练

请对春秋建筑公司就四川交通职业技术学院第 4 实训楼投标前期决策进行描述和评价。

_____

_____

_____

_____

_____

_____

_____

_____

_____

任务二　投标工作流程

一、任务描述

通过任务一的完成,你所在施工单位已完成该项目投标的前期决策,现在单位安排你按照该项目信息分析结果,制订该次投标工作流程。

二、学习目标

通过本任务的学习,你应当:

1. 能描述工程施工投标工作流程,并分析流程涉及的规定和内容;

2. 能建立按投标流程参加投标工作的思路和工作方式;

3. 能按照正确的方法和途径,执行投标工作流程;

4. 通过完成该任务,完成自我评价,并提出改进意见。

三、任务实施

(一)任务引入

引导问题:现已决定对本项目投标,目前任务是制订投标工作流程。

1. 完成本次任务的前提条件是什么?

_____

_____

2. 投标工作包括哪些内容?

_____

_____

3. 请根据建筑施工投标工作流程图(图2-2),初步确定本次投标工作基本流程。

_____

_____

_____

_____

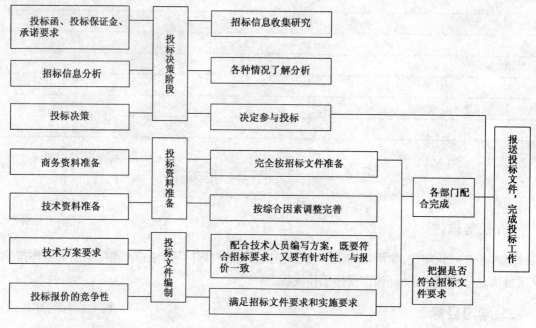

图 2-2　建筑施工投标工作流程

(二)学习准备

引导问题:制订本项目投标工作流程需要从哪些方面进行知识准备?

> **提示:**
> 　1. 招投标一般工作环节;
> 　2. 工作流程涉及的主要规定和内容;
> 　3. 注意投标过程中的几个有效期;
> 　4. 常见工作难点、重点。

【案例1】

某电器设备厂筹备新建一生产流水线,该工程设计已完成,施工图纸齐备,施工现场已完成"三通一平"工作,具备开工条件。工程施工招标委托代理机构采用公开招标方式代理招标。

招标代理机构编制了标底(800万元)和招标文件。招标文件中要求工程总工期为365天。按国家工期定额规定,该工程的工期应为460天。

通过资格预审并参加投标的共有A、B、C、D、E五家施工单位。开标会议由招标代理机构主持,开标结果是这五家投标单位的报价均高出标底近300万元,这一异常引起业主的注意,为了避免招标失败,业主提出由招标代理机构重新复核和制订新的标底。招标代理机构复核标底后发现,由于工作失误,漏算了部分工程项目,使标底偏低。在修正错误后,招标代理机构重新确定了新的标底。A、B、C三家单位认为新的标底不合理,向招标人要求撤回投标文件。

由于上述问题纠纷导致定标工作在原定的投标有效期内一直没有完成。

为早日开工,该业主更改了原定工期和工程结算方式等条件,指定了其中一家施工单位中标。

问题：

(1)根据该工程的具体条件,造价工程师应向业主推荐采用何种合同(按付款方式划分)?

_____

_____

(2)根据该工程的特点和业主的要求,在工程的标底中是否应含有赶工措施费? 为什么?

_____

_____

(3)上述招标工作存在哪些问题?

_____

_____

(4)A、B、C 三家投标单位要求撤回投标文件的做法是否正确? 为什么?

_____

_____

(5)如果招标失败,招标人可否另行招标? 投标单位的损失是否应由招标人赔偿? 为什么?

_____

_____

【案例2】

某市高速公路工程全部由政府投资。该项目为该市建设规划的重点项目之一,并且已经列入地方年度固定资产投资计划,项目概算已经主管部门批准,施工图及有关部门技术资料齐全。现决定对该项目进行施工招标。经过资格预审,为潜在投标人发放招标文件后,业主对投标单位就招标文件所提出的问题统一作出了书面答复,并以备忘录的形式分发给各投标单位。具体格式如表2-5。

招标文件备忘录   表2-5

序　号	问　题	提问单位	提问时间	答　复
1				
...				
N				

在书面答复投标单位的提问后,业主组织各投标单位进行了施工现场踏勘。在提交投标文件截止时间前 10 日,业主书面通知各投标单位,由于某种原因,决定将该项工程的收费站工程从原招标范围内删除。

开标时,由招标人委托的市公证处人员检查投标文件的密封情况,确认无误后,由工作人员当众拆封。由于承包商 A 已撤回投标文件,故招标人宣布有 B、C、D、E4 家承包商投标,并宣读该4 家承包商的投标价格、工期和其他主要内容。

评标委员会委员由招标人直接确定,共由 7 人组成,其中招标人代表 2 人,本系统技术专家 2 人、经济专家 1 人、外系统技术专家 1 人、经济专家 1 人。

在评标过程中,评标委员会要求 B、D 两投标人分别对施工方案作详细说明,并对若干技术要点和难点提出问题,要求其提出具体、可靠的实话措施、作为评标委员的招标人代表希望承包商 B 再行当考虑一下降低报价的可能性。

问题:

(1)该项目投标答疑,存在哪些不妥之处?

_____

_____

(2)该项目开标存在哪些不妥之处?

_____

_____

(3)该项目评标程序存在哪些不妥之处?

_____

_____

(三)任务实施

引导问题 1: 公开招标、邀请招标和议标招标流程有什么区别?招标方式对本次投标工作流程的制订有影响吗?

_____

_____

引导问题 2: 投标工作主要涉及哪些内容?

1.投标工作由_____、_____、_____组成。

投标工作要求完成的期限是_____;投标资料准备的期限是_____。

投标资料的时效是_____。

2.本次投标的主要工作内容有哪些?

_____

_____

引导问题 3: 投标工作流程的重点和关键是什么?

1.工作流程中,最主要的三步是_____、_____、_____。

2.根据所给招标资料,请你确定本次投标工作开展方法为_____

_____

_____

选择该方法的原因是:_____

_____

_____

3.本次投标工作重点是什么?

_____

_____

引导问题4:投标工作的进行,应严格按照投标工作流程和招标文件的要求。

1.本次投标如何实现对招标的响应?

_____

_____

提示:
注意证书及证明材料的有效性,资料的时间要求,如投标保证金递交时间和方式,业绩的年限和内容要求,财务资料的时间、盈亏要求,社保证明要求等。

2.根据本项目实际情况,阐述如何按照投标工作流程执行本次招标工作。

_____

_____

_____

提示:
1.投标班子的组建、成员的分工;
2.所做工作内容的完善性、无遗漏;各部门、各环节工作的协调与配合性;各项工作所需时间的衔接和控制;审核工作的严格把关等。

四、任务评价

1.完成表2-6的填写。

任务评价表　　　　　　　　　　　　　表2-6

考核项目	分　数			学生自评	小组互评	教师评价	小　计
	差	中	好				
是否具备团队合作精神	1	3	5				
是否积极参与活动	1	3	5				
工作过程安排是否合理、规范	2	10	18				
陈述是否完整、清晰	1	3	5				
是否正确灵活运用已学知识	2	6	10				
是否遵守劳动纪律	1	3	5				
投标工作流程是否符合投标要求	2	4	6				
投标工作重点是否准确	2	4	6				
总　　计	12	36	60				
教师签字:				年　　月　　日		得　分	

2. 自我评价。

(1) 完成此次任务过程中存在的主要问题有哪些?

_____

_____

_____

_____

(2) 产生问题的原因有哪些? _____

_____

_____

_____

(3) 请提出相应的解决方法: _____

_____

_____

_____

(4) 你认为还需要哪方面的指导(实际工作过程及理论知识)?

_____

_____

_____

_____

_____

五、拓展训练

请对春秋建筑公司就四川交通职业技术学院第4实训楼投标工作流程进行描述和评价。

_____

_____

_____

_____

_____

_____

_____

_____

_____

_____

任务三　投标资料准备

一、任务描述

通过任务二的完成，你所在施工单位已完成该项目投标工作流程的制订，现在单位安排你按照该项目投标工作流程和招标文件要求，准备投标资料。

二、学习目标

通过本任务的学习，你应当：

1. 能简述建筑工程施工投标应准备的资料；

2. 能分析招标文件的要求和内容，制订施工投标所需资料的清单；

3. 能按照正确的方法和途径，收集投标所需资料，并协助其他部门和专业人员完成投标资料的准备；

4. 能按照招标文件的要求和投标工作时间限定、针对性要求，准备投标资料；

5. 能按照单位管理流程，完成对投标准备资料的审核和已有投标资料的完善；

6. 通过完成该任务，完成自我评价，并提出改进意见。

三、任务实施

（一）任务引入

引导问题：本项目现已开始投标，如何进行投标资料准备？

1. 完成本次任务的前提条件是什么？

_____

_____

_____

2. 投标资料包括哪些内容？

_____

_____

_____

3. 根据建筑施工投标资料分类和工作框图（图2-3），初步确定本次任务内容和安排。

_____

_____

_____

_____

_____

（二）学习准备

引导问题：根据所给招标资料，完成本任务需要哪些方面的知识？

1. 投标资料准备主要依据招标文件中的_____、

_____和_____三部分。

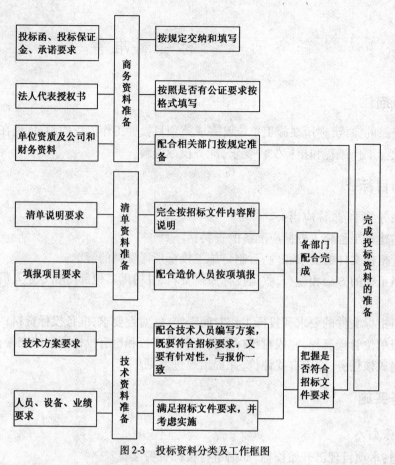

图 2-3　投标资料分类及工作框图

2. 招标文件对投标资料有哪些要求？_____

_____

_____

_____

提示：

　　结合前期所学招标的有关知识和训练，罗列招标文件中相关的具体要求，梳理出投标资料应包括的内容，列出资料清单。

3. 投标文件主要由哪三组成部分？每部分包括哪些具体内容？各自的规定是什么？

(1)_____

_____

_____

_____

(2)_____

_____

_____

_____

(3)_____

_____

_____

(三)任务实施

引导问题1:本任务所需资料应由哪些部门提供或准备? 各自的任务和要求是什么?

_____

_____

_____

_____

> **提示:**
>
> 　　按照投标文件的组成,各部分资料由哪个部门提供或准备? 例如:财务资料由哪个部门提供? 机构、人员、企业资料由哪个部门提供?

引导问题2:根据招标资料,本次任务需要准备的投标资料有哪些?

_____

_____

_____

_____

_____

引导问题3:本次准备投标资料可采取哪些途径和方法?

_____

_____

_____

_____

_____

_____

引导问题4:本次资料准备应注意哪些问题?

1. 投标工作要求完成的期限是_____;

2. 投标资料准备的期限是_____;

3. 投标资料的时效是_____;

4. 如何明确投标资料准备的要求。

_____

_____

_____

_____

　　引导问题 5：如何对本次投标资料进行分析和检查？

　　1.首先对照招标文件,对投标资料的 ＿＿＿＿＿＿＿＿＿＿＿＿、＿＿＿＿＿＿＿＿＿＿＿ 和 ＿＿＿＿＿＿＿＿＿＿＿进行分析,如有不满足要求的资料,应做如下处理：＿＿。

　　2.然后结合本项目情况、单位实际以及项目的竞争情况,检查分析投标资料的和 ＿＿＿＿＿＿＿＿＿＿,如有不符合,应做如下处理：＿＿。

　　3.接下来,对照投标资料清单,对投标资料的 ＿＿＿＿＿＿＿＿＿＿＿进行检查。

　　4.资料完善的标准是＿＿＿＿＿＿＿＿＿＿＿＿＿＿＿＿＿＿＿＿＿＿＿＿＿＿。

资料正确的标准是＿＿＿＿＿＿＿＿＿＿＿＿＿＿＿＿＿＿＿＿＿＿＿＿＿＿。

　　5.根据检查结果,完成表 2-7 的填写。

投标资料清查表　　　　　　　　　　　　　　　表 2-7

投标资料清单 （对照投标文件内容及格式要求）	完 成 时 间	责 任 人	任务完成则画"√"
			□
			□
			□
			□
			□
			□
			□

　　引导问题 6：如何对本次投标资料进行汇总？

＿＿＿＿＿＿＿＿＿＿＿＿＿＿＿＿＿＿＿＿＿＿＿＿＿＿＿＿＿＿＿＿＿＿＿＿＿＿＿

＿＿＿＿＿＿＿＿＿＿＿＿＿＿＿＿＿＿＿＿＿＿＿＿＿＿＿＿＿＿＿＿＿＿＿＿＿＿＿

＿＿＿＿＿＿＿＿＿＿＿＿＿＿＿＿＿＿＿＿＿＿＿＿＿＿＿＿＿＿＿＿＿＿＿＿＿＿＿

＿＿＿＿＿＿＿＿＿＿＿＿＿＿＿＿＿＿＿＿＿＿＿＿＿＿＿＿＿＿＿＿＿＿＿＿＿＿＿

＿＿＿＿＿＿＿＿＿＿＿＿＿＿＿＿＿＿＿＿＿＿＿＿＿＿＿＿＿＿＿＿＿＿＿＿＿＿＿

＿＿＿＿＿＿＿＿＿＿＿＿＿＿＿＿＿＿＿＿＿＿＿＿＿＿＿＿＿＿＿＿＿＿＿＿＿＿＿

　　引导问题 7：如何对本次投标资料进行审核？

＿＿＿＿＿＿＿＿＿＿＿＿＿＿＿＿＿＿＿＿＿＿＿＿＿＿＿＿＿＿＿＿＿＿＿＿＿＿＿

＿＿＿＿＿＿＿＿＿＿＿＿＿＿＿＿＿＿＿＿＿＿＿＿＿＿＿＿＿＿＿＿＿＿＿＿＿＿＿

注意:
1. 依照"谁做资料,谁修改"的原则,修改后都需要重新审核;
2. 严格控制修改资料的时间和质量,并重新整理和汇总,注意不要混淆新旧资料;
3. 依据单位投标管理的规定和流程严格执行,做好审核记录,便于检查。

四、任务评价

1. 完成表2-8的填写。

表2-8

任 务 评 价 表

考核项目	分数			学生自评	小组互评	教师评价	小计
	差	中	好				
是否具备团队合作精神	1	3	5				
是否积极参与活动	1	3	5				
工作过程安排是否合理、规范	2	10	18				
陈述是否完整、清晰	1	3	5				
是否正确灵活运用已学知识	2	6	10				
是否遵守劳动纪律	1	3	5				
投标工作流程是否符合投标要求	2	4	6				
投标工作重点是否准确	2	4	6				
总　　计	12	36	60				
教师签字:				年　月　日		得分	

2. 自我评价。

(1) 此次投标资料准备工作存在哪些问题?＿＿＿＿＿＿＿＿＿＿＿＿＿＿＿＿＿

＿＿＿＿＿＿＿＿＿＿＿＿＿＿＿＿＿＿＿＿＿＿＿＿＿＿＿＿＿＿＿＿＿＿＿＿＿＿＿

(2) 产生问题的原因有哪些?＿＿＿＿＿＿＿＿＿＿＿＿＿＿＿＿＿＿＿＿＿＿＿

＿＿＿＿＿＿＿＿＿＿＿＿＿＿＿＿＿＿＿＿＿＿＿＿＿＿＿＿＿＿＿＿＿＿＿＿＿＿＿

＿＿＿＿＿＿＿＿＿＿＿＿＿＿＿＿＿＿＿＿＿＿＿＿＿＿＿＿＿＿＿＿＿＿＿＿＿＿＿

(3)请提出相应的解决方法:＿＿＿＿＿＿＿＿＿＿＿＿＿＿＿＿＿＿＿＿＿＿＿＿

＿＿＿＿＿＿＿＿＿＿＿＿＿＿＿＿＿＿＿＿＿＿＿＿＿＿＿＿＿＿＿＿＿＿＿＿＿＿＿

＿＿＿＿＿＿＿＿＿＿＿＿＿＿＿＿＿＿＿＿＿＿＿＿＿＿＿＿＿＿＿＿＿＿＿＿＿＿＿

(4)你认为还需加强哪方面的指导(实际工作过程及理论知识)?

＿＿＿＿＿＿＿＿＿＿＿＿＿＿＿＿＿＿＿＿＿＿＿＿＿＿＿＿＿＿＿＿＿＿＿＿＿＿＿

＿＿＿＿＿＿＿＿＿＿＿＿＿＿＿＿＿＿＿＿＿＿＿＿＿＿＿＿＿＿＿＿＿＿＿＿＿＿＿

＿＿＿＿＿＿＿＿＿＿＿＿＿＿＿＿＿＿＿＿＿＿＿＿＿＿＿＿＿＿＿＿＿＿＿＿＿＿＿

＿＿＿＿＿＿＿＿＿＿＿＿＿＿＿＿＿＿＿＿＿＿＿＿＿＿＿＿＿＿＿＿＿＿＿＿＿＿＿

＿＿＿＿＿＿＿＿＿＿＿＿＿＿＿＿＿＿＿＿＿＿＿＿＿＿＿＿＿＿＿＿＿＿＿＿＿＿＿

五、拓展训练

请对春秋建筑公司就四川交通职业技术学院第4实训楼投标资料准备工作进行描述和评价。

_____

_____

_____

_____

_____

_____

任务四　投标文件编制与递送

一、任务描述

通过任务三的完成,你所在施工单位已完成该项目投标资料的准备,现在单位安排你按照该项目投标工作流程和招标文件要求,根据所准备的投标资料完成投标文件的编制。

二、学习目标

通过本学习任务的学习,你应当能:

1. 简述建筑工程施工投标文件编制的规定;

2. 分析招标文件的要求和内容,制订施工投标文件编制工作的计划;

3. 正确使用投标所需资料,协助其他人员,按照招标文件要求和投标时间限定,完成投标文件编制;

4. 按照单位管理流程,完成对投标文件的审核和按要求完善已有投标文件;

5. 按规定及时递送投标文件;

6. 通过完成该任务,完成自我评价,并提出改进意见。

三、任务实施

(一)任务引入

引导问题:如何进行投标文件编制的准备:

1. 完成本任务的前提条件是什么?

_____

_____

2. 投标文件包括哪些部分?

_____

_____

3. 根据图2-4投标文件编制工作框图,初步确定本次任务工作内容和安排。

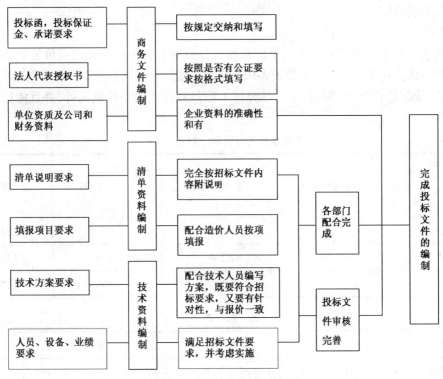

图 2-4　投标文件编制工作框图

(二)学习准备

引导问题 1: 根据所给招标资料,完成投标文件编制任务需要哪些方面的知识?

1. 编制投标文件的准备工作有哪些?

_____

_____

_____

2. 编制投标文件的步骤有哪些?

_____

_____

_____

_____

3. 编制投标文件的注意事项有哪些?

_____

_____

_____

_____

_____

4. 相关知识测试

【案例1】

某工程项目业主邀请了三家施工单位参加投标竞争。各投标单位的报价见表2-9,等额年金系数和一次支付现值系数见系数表2-10。施工进度计划安排见表2-11。若以工程开工日期为折现点,贷款月利率为1%,并假设各分部工程每月完成的工程量相等,并且能按月及时收到工程款。

各投标单位的报价表(单位:万元)　　　　　　　表2-9

投标单位 项目 报价	基 础 工 程	主 体 工 程	装 饰 工 程	总 报 价
甲	270	950	900	2 120
乙	210	840	1 080	2 130
丙	210	840	1 080	2 130

系 数 表　　　　　　　表2-10

月 份	n	2	3	4	5	6	7	8
等额年金系数	$(P/A,1\%,n)$	1.970 4	2.941 0	3.902 0	4.853 4	5.795 5	6.728 2	7.651 7
一次支付现值系数	$(P/F,1\%,n)$	0.980 3	0.970 6	0.961 0	0.951 5	0.942 0	0.932 7	0.923 5

注:计算结果保留小数点后2位。

问题:

(1)就甲、乙两家投标单位而言,若不考虑资金时间价值,简要分析并判断业主应优先选择哪家投标单位?

_____

_____

_____

_____

_____

(2)就乙、丙两家投标单位而言,若考虑资金时间价值,简要分析并判断业主应优先选择哪家投标单位?

_____

_____

_____

_____

_____

_____

_____

施工进度计划安排表（单位：月）　　　　　　　　表2-11

投标单位	项 目	施工进度计划											
		1	2	3	4	5	6	7	8	9	10	11	12
甲	基础工程 主体工程 装饰工程												
乙	基础工程 主体工程 装饰工程												
丙	基础工程 主体工程 装饰工程												

（3）评标委员会对甲、乙、丙三家投标单位的技术标评审结果见表2-12。评审办法规定：各投标单位报价比标底每下降1%，扣1分，最多扣10分；报价比标底每增加1%，扣2分，扣分不保底。报价与标底价差额在1%以内时可按比例平均扣减。评标时，不考虑资金时间价值，设标底价为2 125万元，根据得分最高者中标原则，试确定中标单位。

技术标评审结果表　　　　　　　　表2-12

项 目	权 重	评 审 得 分		
		甲	乙	丙
业绩、信誉管理水平 施工组织设计	0.4	98.70	98.85	98.80
投标报价	0.6			

【案例2】

某承包商决定参与一高层建筑的投标。由于该工程施工对临近建筑物影响很大，因此必须慎重选择基础围护工程的施工方案。经营部经理要求造价工程师运用价值工程方法对技术部门所提出的三个施工方案进行比较，从中选出最优方案投标。根据工程技术人员提出的4项技术评价指标及其相对重要性的描述，造价工程师运用0－4评分法得出各指标的相对重要性如表2-13所示。

相对重要性得分表   表2-13

指　　标	技术可靠性 F1	围护效果 F2	施工便利性 F3	工期 F4
技术可靠性 F1		1	3	3
围护效果 F2	3		3	4
施工便利性 F3	1	1		2
工期 F4	1	0	2	

经公司内专家评定，A、B、C 三方案的各指标得分见表2-14。

各 方 案 得 分 表   表2-14

方　案 指标 得分	F1	F2	F3	F4
A	10	9	8	7
B	7	10	9	8
C	8	7	10	9

注：A、B、C 三方案的成本分别为617、554 和529 万元。

问题：

请运用价值工程方法选出最优方案投标。

_____

_____

【案例3】

某建筑工程施工项目实行公开招标,确定的招标程序如下：

1. 成立招标工作小组；

2. 编制招标文件；

3. 发布招标邀请书；

4. 对报名参加投标者进行资格预审,并将审查结果通知各申请投标者；

5. 向合格的投标者分发招标文件及设计图、技术资料等；

6. 建立评标组织,制订评标定标方法；

7. 召开开标会议,审查投标书；

8. 组织评标,编写中标通知书；

9. 发出中标通知书；

10. 签订承(发)包合同。

某参加投标的施工企业。经分析研究,制订了高标和低标两种方案投标报价策略。其中标概率与效益情况分析如表2-15 所示。若未中标,则损失投标费用3 万元。

中标概率与效益情况分析表   表2-15

	中标概率	效果	利润 (300 万元)	效果概率		中标概率	效果	利润 (300 万元)	效果概率
高标	0.4	好	250	0.4	低标	0.5	好	200	0.5
		中	150	0.5			中	80	0.3
		差	−200	0.1			差	−250	0.2

问题：

（1）上述招投标程序有何不妥之处，请加以指正。

_____

_____

_____

_____

_____

_____

（2）请用决策树的方法协助该施工企业确定具体的投标报价策略。

_____

_____

_____

_____

_____

_____

_____

【案例4】

某企业准备在一项工程上投标，根据掌握的资料，对手在该类工程上的标价（P）和本企业的估价（A）存在一定比值关系，各种比值出现的频数如表2-16所示。

P / A 比 值 表

表2-16

P/A	0.8	0.9	1.0	1.1	1.2	1.3	1.4	1.5	合计
频数	1	2	7	12	21	18	7	2	70

问题：请用竞争定价法为该企业确定最佳报价策略。

_____

_____

_____

_____

_____

_____

引导问题2：常见投标策略与技巧有哪些？分别在哪些情况下运用？请初步确定本次投标所用的策略与技巧。

1. 常见投标策略与技巧及使用条件是什么？

_____

_____

_____

_____

2. 本次投标所用的策略与技巧是什么？

（三）任务实施

引导问题1：商务文件有哪些编制要点？应如何编制本项目商务文件？

引导问题2：清单资料编制有哪些编制要点？应如何编制本项目清单资料？

引导问题3：技术资料编制有哪些编制要点？请根据图2-5编制本项目技术资料。

58

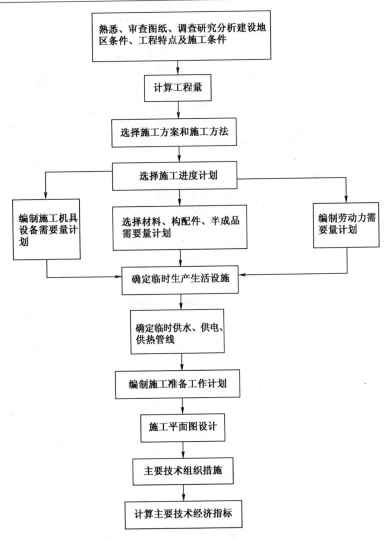

图 2-5　施工组织设计编制流程

引导问题 4:本次投标文件编制涉及哪些部门和人员？各自的任务和要求是什么？请各组做好小组成员的分工和安排。

引导问题 5:如何对编制的投标文件进行审核？请对本次完成的投标文件进行审核。

1. 投标文件审核流程和规定是:

_____

_____

_____

_____

_____

2. 审核的内容和方法是:

_____

_____

_____

_____

3. 按照表 2-17 的标准,完成本次投标文件的审查,填写表 2-18 各项内容。

评标办法前附表　　　　　　　　　　　　　　　　　　　　表 2-17

条款号		评审因素	评审标准
2.1.1	形式评审标准	投标人名称	与营业执照、资质证书、安全生产许可证一致
		签字、盖章	符合招标文件第二章"投标人须知"第 3.7.3 项要求
		副本份数	符合招标文件第二章"投标人须知"第 3.7.4 项要求
		装订	符合招标文件第二章"投标人须知"第 3.7.5 项要求
		编页码和小签	符合招标文件第二章"投标人须知"第 10.1 款规定
		投标文件格式	符合招标文件第八章"投标文件格式"的要求和第二章"投标人须知"第 3.7.1 项要求
		联合体投标人	提交联合体协议书,并明确联合体牵头人(如有)
		报价唯一	只能有一个有效报价,即符合招标文件第二章"投标人须知"第 10.3 款要求
2.1.3	响应性评审标准	投标内容	符合招标文件第二章"投标人须知"第 1.3.1 项规定
		工期	符合招标文件第二章"投标人须知"第 1.3.2 项规定
		工程质量	符合招标文件第二章"投标人须知"第 1.3.3 项规定
		投标有效期	符合招标文件第二章"投标人须知"第 3.3.1 项规定
		投标保证金	符合招标文件第二章"投标人须知"第 3.4.1 项规定
		权利义务	符合招标文件第四章"合同条款及格式"规定
		已标价工程量清单	符合招标文件第五章"工程量清单"给出的范围及数量以及"说明"中对投标人的要求
		技术标准和要求	符合招标文件第七章"技术标准和要求"规定
		成本	低于成本报价按招标文件第二章"投标人须知"第 10.4 款规定进行认定
		最高限价	扣除 10% 的不可预见费后的投标报价(修正价)不得超过招标文件第二章"投标人须知"7.3.1 项规定的最高限价

条款号		评审因素	评审标准
2.1.4	施工组织设计和项目管理机构评审标准	施工方案与技术措施	方案与技术措施是否详尽、合理,与其他工种配合措施是否明确
		质量管理体系与措施	是否有质量认证证明资料,且质量措施完善、可行
		安全管理体系与措施	安全施工措施完善、可行、有保障
		环境保护管理体系与措施	环境保护措施完善、可行、有保障
		工程进度计划与措施	进度是否合理,施工措施是否明确、周密
		资源配备计划	满足招标文件要求
		施工设备	须配备与施工合同段工程规模、工期要求相适应的机械设备
		试验、检测仪器设备	满足工程要求
		施工组织机构	组织机构体系完整,管理机制有效运行
		综合管理水平	综合管理水平合格
2.2	详细评审标准	单价遗漏	工程量报价清单如某项未填写报价的,视为已经分摊如其他项目中
		付款条件	投标文件承诺满足专用合同条款要求
		算术性修正	算术性修正 评标委员会只对通过初审、初评后的投标文件从报价方面进行算术性修正评审。看其是否有计算上、累计上或表达上的错误,修正错误的原则如下: 　a.如果数字表示的金额和用文字表示的金额不一致时,应以文字表示的金额为准。 　b.当单价与数量的乘积与合价不一致时,以单价为准,除非评标委员会认为单价有明显的小数点错误,此时应以标出的合价为准,并修改单价。 　c.当各细目的合价累计不等于总价时,应以各细目合价累计数为准,修正总价。 　d.按上述修正错误的原则及方法调整或修正投标文件的投标报价,应取得投标人的同意,并确认修正后的最终投标价。如果投标人拒绝确认,或在规定时间内未予澄清,则视为投标人放弃投标。 　e.按上述修正错误的原则及方法调整或修正投标文件的投标报价如高于投标函中的文字报价数额,则在招标范围内的所有项目的价格或费用仍以投标函中的文字报价为准,不得调增。如调整或修正后的投标总价低于投标函中的文字报价数额,则以修正后的投标总价为准,并按中标价与修正后的投标总价的降幅同比例降低招标范围内的所有项目的价格或费用

投标文件审核结果表　　　　　　　　　　　　　　　表2-18

投标函、投标保证金、投标有效期	符合性	响应性	针对性	竞争性	时效性	修改意见
法人代表授权书						
单位资质及公司和财务资料						
清单说明要求						

61

投标函、投标保证金、 投标有效期	符合性	响应性	针对性	竞争性	时效性	修改意见
填报项目要求						
技术方案要求						
人员、设备、业绩要求						

引导问题 6:完成对投标文件的审核后,如何安排后期递送工作?

_____

_____

_____

_____

_____

_____

_____

_____

四、任务评价

1. 完成表 2-19 的填写。

任 务 评 价 表

表 2-19

考 核 项 目	分　数			学生自评	小组互评	教师评价	小计
	差	中	好				
是否具备团队合作精神	1	3	5				
是否积极参与活动	1	3	5				
工作过程安排是否合理、规范	2	10	18				
陈述是否完整、清晰	1	3	5				
是否正确灵活运用已学知识	2	6	10				
是否遵守劳动纪律	1	3	5				
投标工作流程是否符合投标要求	2	4	6				
投标工作重点是否准确	2	4	6				
总　　计	12	36	60				
教师签字:				年　月　日		得分	

2. 自我评价。

(1)完成此次任务过程中存在哪些问题?

_____

_____

_____

62

(2)产生问题的原因有哪些?

_____

_____

_____

(3)请提出相应的解决方法:_____

_____

_____

(4)你认为还需加强哪方面的指导(实际工作过程及理论知识)?

_____

_____

_____

五、拓展训练

请对春秋建筑公司就四川交通职业技术学院第 4 实训楼投标文件进行描述和评价。

_____

_____

_____

_____

任务五　施工合同评审

一、任务描述

通过任务四的完成,你所在施工单位已中标,现单位分配你按照该项目投标工作流程和前期资料,完成施工合同的评审。

二、学习目标

通过本学习任务的学习,你应当:

1.能根据项目实际情况,收集、阅读、分析所需要的资料,并能得出自己的结论;

2.能形成自己的合同评审程序和评审技巧,在规定的时间内完成合同漏洞和陷阱的查找,提交评审报告;

3.能通过合同评审,完成和提交风险分析与对策报告,并提出后续工作建议;

4.通过完成该任务,完成自我评价,并提出改进意见。

三、任务实施

(一)学习准备

引导问题 1:完成本任务的前提条件是什么?

引导问题 2:根据前期资料,完成本任务需要哪些知识准备?

1.完成本任务需要哪些知识?

【案例1】

1996年5月某建筑公司与文化开发有限公司签订承建金龙湾公园项目工程合同,工程竣工后,经双方审定工程款为282万余元,但发包方仅支付了88万元。1998年4月,双方达成还款抵押担保协议,但发包方仍未按协议付款,承包方只能诉至法院。1998年12月,市中级法院主持调解,被告同意于1999年2月之前偿还工程款及违约金总计227万余元。然而,经法院多次执行,发包方迄今才支付了35万元。

2.案例1中的建筑公司虽然胜诉,但是工程款已无法追回,造成这种情况的原因是什么?

3.图2-6、图2-7涉及哪些问题?

图 2-6

图 2-7

4.可见,合同条款歧义和冲突在施工合同中较为常见。完善的合同条款是合同顺利履行的前提和基础,是企业赢利的保障。而完善的合同条款来源于严格的合同审查。那么合同审查应首先从什么方面入手呢?

【案例2】

福建省某市第一中学科教楼工程为该市重点教育工程,2000年10月由市计委批准立项,建筑面积为7 800 m²,投资780万元,项目2001年3月12日开工。此项目施工单位由业主经市政府和主管部门批准不招标,奖励给某建设集团承建,双方签订了施工合同。

5.该案中的施工合同有效吗?对后期合同履行会造成什么样的影响?

【案例3】

某施工企业就棉纺厂厂房建设工程与一英资企业签订施工合同，业主要求采用ICE合同文本。施工方为取得该项目，在根本不熟悉该合同文本的情况下，同意了甲方的要求。但在合同施工过程中，乙方由于不熟悉合同条款，被多次责令返工，造成工期大大延误，甲方由此要求乙方按照合同约定承担工期迟延责任。

6. 该施工企业的问题出在哪？

提示：

1. 合同文本的采用对承包方有什么样的影响？

2. 链接资料查找。

3. 常用施工合同文件有哪些？

【案例4】

A公司与B公司签署了一土建施工合同。工程包括生活区4栋宿舍、生产厂房（不包括钢结构安装）、办公楼、污水处理站、油罐区、锅炉房等共15个单项工程。A希望及早投产并实现效益，限定总工期为半年，共27周，跨越一个夏季和冬季。由于工期紧，招标过程很短，从发标书到收标仅10天时间。招标图纸设计较粗，没有施工详图，钢筋混凝土结构没有配筋图。工程量表由业主提出目录，工作量由投标人计算并报单价，最终评标核定总价。合同采用固定总价合同形式。

7. B采用固定总价合同是否恰当？

提示：

1. 采用固定总价合同应满足什么条件？

2. 链接资料查找。

3. 主要合同类型有哪几种？各类合同适用条件是什么？

【案例 5】

A 方通过招标与 B 方签订施工合同,A 方提供的工程量清单中,B 方没有填写屋面防水工程量,但投标单位把屋面防水费用列入了报价,在评标时没有发现。

8. 防水工程能得到结算吗?

提示:

1. 工程单清单有合同效力吗?

2. 漏报工程量应如何处理?

3. 链接资料查找。

4. 常见施工合同漏洞有哪些?

【案例 6】

业主在招标时,要求采用固定总价合同。招标图纸中,沉井载明用"C25 混凝土浇制",B 企业就沉井项目报价较低。开工后沉井项目施工前,业主向 B 企业提供沉井,上载明用"C25 钢筋混凝土"。为此,B 企业向业主提起索赔,要求业主补偿因工程变更增加的费用 1 00 万元。

9. B 企业的要求是否能得到支持?

提示:

1."一个合理的有经验的施工人应采取必要措施以保证工程质量"应当如何理解?(参见 FIDIC 示范合同文本)

2. 链接资料查找。

3. 常见施工合同陷阱有哪些?

【案例 7】

某公路工程,合同要求承包商在路面上划白色分道线,并且规定:分道线将按实际长度给予付款。由于该分道线是间断式的,业主和承包商结算时,对"实际长度"的理解上产生了分歧。

10."实际长度"可以如何理解?

【案例8】

　　某水电施工合同,技术规范中规定要在调压井上池修建闸门控制室,但图纸上却未予标明。乙方按工程师指令,完成了闸门控制室的施工。

　　11.施工方有权利要求追加修建闸门控制室的工程款吗?

　　引导问题3:从施工合同的常见问题入手是进行合同评审的主要渠道。通过对案例1~8的分析,总结施工合同常见的问题。

　　引导问题4:完成以下相关综合知识测试。

　　1.某建设项目,承包人与分包人口头约定了施工合同内容,施工任务完成后,由于承包人欠工程款而发生纠纷,但双方一直没有签订书面合同,此时应认定(　　)。

　　A.施工合同成立,但不生效　　　　　　　B.施工合同成立,且已生效

　　C.施工合同不成立,不生效　　　　　　　D.施工合同不成立,但有效

　　【答案】B。提示:合同形式欠缺的法律后果。

　　2.承包商为追赶工期,向水泥厂紧急发函要求按市场价格订购200吨425#硅酸盐水泥,并要求三日内运抵施工现场。则承包商的订购行为(　　)。

A. 属于要约邀请,随时可以撤销

B. 属于要约,在水泥运抵施工现场前可以撤回

C. 属于要约,在水泥运抵施工现场前可以撤销

D. 属于要约,而且不可撤销

【答案】D。提示:要约的条件及撤销。

3. 建设单位与供货商签订的钢材供货合同未约定交货地点,后双方对此没有达成补充协议,也不能依其他方法确定。则供货商备齐钢材后,( )。

A. 应将钢材送到施工现场　　　　　　B. 应将钢材送到建设单位的办公所在地

C. 应将钢材送到建设单位的仓库　　　D. 可通知建设单位自提

【答案】D。提示:履行地不明确的履行方式。

4. 合同生效后,当事人发现部分工程的费用负担约定不明确,首先应当( )确定费用负担的责任。

A. 按交易习惯　　　　　　　　　　　B. 依据合同的相关条款

C. 签订补充协议　　　　　　　　　　D. 按履行义务一方承担的原则

【答案】C。提示:合同条款约定不明的处理。

5. 经发包人同意后,承包人可以将部分工程的施工分包给分包人完成。该条款所依据的法律基础是《合同法》中有关( )的规定。

A. 债权转让　　　　　　　　　　　　B. 债务承担

C. 由第三人向债权人履行债务　　　　D. 债务人向第三人履行债务

【答案】C。提示:合同履行中的债务转移。

6. 甲公司将与乙公司签订的合同中的义务转让给丙公司。依据《合同法》规定,下列关于转让的表述中正确的有( )。

A. 合同主体不变,仍为甲乙公司

B. 转让必须征得乙公司同意

C. 丙公司只能对甲公司行使抗辩权

D. 甲公司对丙公司不履行合同的行为不承担责任

E. 丙公司应承担与主债务有关的从债务

【答案】BE。提示:债务转让。

7. 合同解除后,合同中的( )条款仍然有效。

A. 结算和清理　　　　　　　　　　　B. 仲裁和诉讼

C. 结算、清理、违约　　　　　　　　D. 结算、仲裁、违约

【答案】B。提示:合同解除的法律后果。

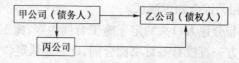

8. 依据《合同法》,下列有关承担违约责任的说法中,错误的是( )。

A. 赔偿损失是承担违约责任的主要形式　　B. 违约金和定金不能同时选用

C. 违约金是承担违约责任的必备形式　　　D. 违约金和赔偿损失不能同时使用

【答案】C。提示:违约责任承担方式

9. 依据《合同法》关于违约责任的规定,下列说法中不正确的是( )。

    A.约定违约金低于造成的损失时,应当相应增加违约金

    B.约定违约金高于造成的损失时,应当相应减少违约金

    C.处置违约行为后果时,违约金与定金不能同时使用

    D.第三方违约行为造成对方的损失应由第三方进行赔偿

【答案】D。提示:违约责任。

10. 某建设工程物资采购合同,采购方向供货方交付定金4万元。由于供货方违约,按合同约定计算的违约金为10万元,则采购方有权要求供货方支付( )承担违约责任。

    A.4万元   B.8万元   C.10万元   D.14万元

【答案】C。提示:违约金与定金。

11. 合同履行中,承担违约责任的方式包括( )等。

    A.继续履行   B.采取补救措施

    C.赔偿损失   D.返还财产

    E.追缴财产,收归国有

【答案】ABC。提示:违约责任的承担方式。

12. 施工合同约定由施工单位负责采购材料,合同履行过程中,由于材料供应商违约而没有按期供货,导致施工没有按期完成。此时应当由( )违约责任。

    A.建设单位直接向材料供应商追究

    B.建设单位向施工单位追究责任,施工单位向材料供应商追究

    C.建设单位向施工单位追究责任,施工单位向项目经理追究

    D.建设单位不追究施工单位的责任,施工单位应向材料供应商追究

【答案】B。提示:违约责任的原则——严格责任原则。

(二)任务实施

【案例9】

某住宅小区桩基础施工包干措施费100万元,除本合同特别约定外,不因设计变更、工程进度、市场价格变动或承包人投标失误等任何原因而进行调整。合同工期:50日历天。由于地质原因,在原定合同工期过半时,工程才完成20%,进度严重拖后。项目打桩控制原则和施工措施都要做大调整,项目的工期要大大延长,成本也会大大增加。

引导问题1:这个合同有什么问题? 你将如何评审?

_____

_____

_____

_____

引导问题2:通过对案例9的分析,请对本项目合同评审工作做初步安排。各小组在此合同评审工作中的具体内容是什么? 审查重点是什么?

_____

_____

_____

_____

_____

引导问题3：本次施工合同评审应收集哪些资料？

> **提示：**
>
> 　1.链接资料查找。
>
> 　2.合同审查阶段应收集哪些资料？

引导问题4：本次施工合同评审有哪些依据？

> **提示：**
>
> 　1.链接资料查找。
>
> 　2.合同审查的依据有哪些？

引导问题5：本合同施工方的权利、责任和义务有哪些？

> **提示：**
>
> 　1.施工合同中,承包方的权利有哪些? 承包方的责任和义务有哪些? 可从施工示范合同文本中查找,同时参照 FIDIC 合同文本。
>
> 　2.注意条款中:施工用地 施工条件 施工通道 及时 合理的理由 现场作业 施工方法 发包人风险等术语的理解。
>
> 　3.注意"工程师审批不解除合同规定的承包人任何义务"的理解。

（横线若干）

引导问题 6: 施工合同风险分析应考虑的主要因素？

1. 主要因素是：

（横线若干）

2. 填写风险分析表（表2-20）。

各合同类型风险分析表

表2-20

合同类型	风 险		合 同 管 理	
	优 点	缺 点	优 点	缺 点
总价合同				
单价合同				
成本补偿				

引导问题 7: 在所有标准施工合同范本中，都列明发包人风险，暗指承包人风险。本合同承包方的风险有哪些？

提示：
1. 链接资料查找。
2. 施工合同承包方的常见风险有哪些？

（横线若干）

引导问题 8: 请各组确定本合同风险合理分担原则。

提示：
1. 链接资料查找。
2. 施工合同风险分担原则有哪些？

_____

_____

_____

_____

引导问题9:本次施工合同审查重要条款是哪些?

提示:

　1. 链接资料查找。

　2. 施工合同评审通常审查的条款有哪些?

　3. 不可抗力如何界定?

　4. 常见开脱责任条款有哪些?

　1. 重要条款是:

_____

_____

_____

_____

_____

_____

　2. 填写合同条款审查表(表2-21)。

合同条款审查表　　　　　　　　　　　　　表2-21

重 要 条 款	本 次 评 价
现有的生产要素及各项资源条件	
施工方资金的承受能力	
质量保证条件	
工　　期	
价　　格	
付 款 方 式	
工程师权限	
分　　包	
违 约 责 任	
纠纷处理方式	

　引导问题10:各小组成果汇总后,完成表2-22、表2-23的填写,并提交书面合同评审报告。

　1. 填写合同评审表(表2-22)。

合 同 评 审 表

表 2-22

审 查 方 面	评 价	建 议
合同有效性		
合 同 文 本		
合 同 类 型		
合 同 漏 洞		
合 同 陷 阱		
合 同 歧 义		
合 同 冲 突		

2. 填写风险登记册表(表 2-23)。

风 险 登 记 册 表

表 2-23

风 险 名 称	风 险 描 述	发生可能性	后　　果	预防措施建议	应急对策建议

3. 合同评审报告。

四、任务评价

1. 完成表2-24的填写。

任务评价表

表2-24

考核项目	分数			学生自评	小组互评	教师评价	小计
	差	中	好				
是否具备团队合作精神	1	3	5				
是否积极参与活动	1	3	5				
工作过程安排是否合理、规范	2	10	18				
陈述是否完整、清晰	1	3	5				
是否正确灵活运用已学知识	2	6	10				
是否遵守劳动纪律	1	3	5				
投标工作流程是否符合投标要求	2	4	6				
投标工作重点是否准确	2	4	6				
总　计	12	36	60				

教师签字：　　　　　　　　　　　　　　　　　　　年　　月　　日　　得　分

2. 自我评价。

(1)完成此次任务过程中存在哪些问题？ _____

_____

(2)产生问题的原因有哪些？ _____

_____

(3)请提出相应的解决方法： _____

_____

(4)你认为还需加强哪方面的指导(实际工作过程及理论知识)？

_____

_____

_____

_____

_____

_____

_____

_____

五、拓展训练:某合资棉纺厂厂房施工合同审查

试剖析下面的合同条款,把你认为不完善的合同条款加以完善。

第一条　合同范围

本合同包括全部必要的工程建筑与竣工,以及合同规定期间的维修,提供全部材料、机具、设备、运输工具、劳力、工厂(车间)以及为全面竣工所必需的一切长久性和临时性事宜。根据合同文件中的详细说明,合同分四部分,构成一个整体:

1. 投标文件、契约与合同;
2. 一般条款与特别条款;
3. 一般规范与特殊规范;
4. 方案与设计图。

第二条　工程速度

承包人应在签订合同后两周之内,向工程部提供各施工阶段明细进度表,把工程分成若干部分和子项,并表明每一部分和每一子项工程的施工安排。进度表日期不能超过合同所规定的日期,本进度要在得到工程部的书面确认之后方可执行。工程部有权对进度作其认为有利于工程的必要的修改,承包商无权要求对此更改给予任何补偿。工程部对于进度表的确认和所提出的更改并不影响承包人按照规定日期施工的义务和承包人对于施工方式及所用设备的安全、准确的责任。

第三条　工程师的指示

承包人的施工应使工程部工程师满意,监理工程师有权随时发布他认为合适的追加方案和设计图纸、指令、指示、说明,以上统称之为"工程师的指示"。工程师的指示包括以下各项,但不局限于此。

1. 对于设计、工程种类和数量的变更;
2. 决断施工方案、设计图与规范不符的任何地方;
3. 决定清除承包人运进工地的材料,换上工程师所同意的材料;
4. 决定重做承包人已经施工,而工程师未曾同意的工程;
5. 推迟实施合同中规定的施工项目;
6. 解除工地上任何不受欢迎的人;
7. 修复缺陷工程;
8. 检查所有隐蔽工程;
9. 要求检验工程或材料。

承包人应及时、认真地遵从并执行工程师发出的指示,同时还应详细地向工程师汇报所有与工程和工程所必要的原料有关的问题。

如果工程师向承包人发出了口头指示或说明,随即又做了某种更改,工程师应加以书面肯定。如果没有这样做,承包人应在指示或说明发出后7天内,书面要求工程师对其加以肯定。如果工程师在另外的7天内没有向承包人作出书面肯定,工程师的口头指示或说明则视为书面指令或说明。

第四条　设计图纸、规范和估计工程量表

方案设计图纸、规范和估计工程量表由工程师掌握,以便能够在适合于合同双方的任何时间对其加以查阅。

工程部在签订合同后无偿提供给承包人一份方案设计图纸、规范和估计工程量表,为全部实施工程师的指示,还可提供承包人所需要的其他方案设计图纸,以及工程师认为在执行任何一部分工程时所必要的其他说明,承包人应将上述方案设计图纸、规范和估计工程量表存放在工地,以便在任何适当的时候转交工程师或其代表。在接受最后一笔工程款时,承包人应立即将带有工程部名称的方案设计图纸、规范说明全部交回。承包人不得将任何这类文件,用于此合同以外的任何目的,同样只能限于本合同的目的之内,不得泄漏或使用该报价单的任何内容。

第五条　工程、规划和标高

承包人在开始执行合同的某一部分之前,应审定方案设计图纸是否准确,相互之间与报价单及其他规定是否符合。方案设计图纸中可能出现的任何差异、矛盾、缺点、错误,承包人应要求工程师修改,承包人应依据工程师对此做出的书面指示去做。

在任何一部份工程开工之前,承包人应认真做出规划。工程师对计划进行审核,所有制定计划、审核设计、核实材料的工作只能有承包人负责。工程师对计划的确认或参与承包人共同制定计划,不排除承包人对计划的绝对责任。工程师给予承包人一个已知标高,承包人应调查这一标高,审核估计工程师可能出现的错误。对于与工程师所给予的标高有关的一系列标高,承包商应予以负责。同样承包人也被责成根据所要求的设计图纸中标明的标高实施全部工程。为实现这一目的,它应该根据所给予的标高点和带有固定标志的标高处,对高度进行实地测量。

对于设计方案中的任何差异、矛盾、缺点或错误,如果承包人没有向工程部申报,而后又由于上述原因在施工中发生了不能接受的或不能弥补的错误,承包人应承担由于修改错误、拆除局部或返工责任。承包人应自费消除错误所造成的后果。

第六条　材料、物资和产品

所有的材料、物资和产品应与合同要求相符。准备用于工程的材料和物品,承包人在买进之前应向工程师提供样品,以便确认。在工程师不同意确认的情况下,承包人应向工程师提供符合规格的、工程师同意的其他样品。而特殊的机械则应完全符合承包人确认的、工程部同意的加工条件,种类、产地和牌号。

对于工程师所要求的,对任何一种材料的鉴别和分析,承包人应自费进行,以肯定此原材料是否符合规格。如果需要承包人重新进行鉴别和分析,费用由承包人负担。工程部有权要求第三次鉴别。如果第三次鉴别和分析的结果与前一次的结果一样,鉴别费用由工程部负担,如果第三次鉴别和分析与前两次不一样,则费用由承包人负担。必要时工程部可以接受使用其他材料代替合同上已写明的材料,但是代替的材料在质量上须同原材料相似并符合一般规范和特殊规范,还应当得到工程师的确认。承包人无权在此种情况下要求增加任何价格,而工程师则有权根据其估计扣除由此而降低的价格,承包人无权提出异议。

第七条　工程进度报告

第八条　验证劳动工地

检查与验证在任何时候监理工程师或其代理人都可自由工地、仓库、车间或承包人及工程部确认的分包人存放和使用的与合同有关的设备场所,进行检查、验证、审查和测量,找出其差异。未经工程师同意,承包人不得填土遮盖任何工作面。在工程任何一部分完工掩盖或填土之前的适当时间内,承包人应通知工程师。

承包人应根据其了解的设计,亲自勘察地形,以确定土质是否适宜建筑,这一切所需费用应由其本人负责。承包人对包括其本人提出的所有设计图纸要负责。如果土质表明不适合于设计图纸所示之标高为基础,承包人应向工程部提出其设想。

第九条　工地上的临时设施、机器及材料

第十条　与工地其他承包人的合作及施工秩序

如果需要在同一个工地和其他承包人、政府职员或其他人同时施工,承包人应在工作中努力同这些人合作,不干涉他们的事情,且应为他们提供必要的方便并执行工程师在这方面发出的命令。还要把可能在承包人与其他人之间的每一点分歧通知工程师,工程师对此所做的决定对承包人来说是最终的,必须执行的。承包人无权因此要求任何补偿或延长合同工期。

第十二条　注意法律、条例及专门的指示

第十三条　工地警卫、照明与供水

第十四条　工作时间

第十五条　承包人的工程师、职员与工人

第十六条　承包人住址、办公室和管理办公室

第十七条　被拒绝的工程、材料和设备

……

如工程的全部或部分被掩盖,无法目视,或者工程不完全或者不符合合同条款,出现缺陷,工程部有权要求承包人采取措施,承包人应执行工程部的要求直至上述工程得以完善。费用由承包人负担。

如果承包人不按照本条文履行自己的义务,工程部有权雇佣其他人进行这项工作,费用由承包人负担。

不允许承包商因任何由于工程部对工程、材料或机具的拒绝而产生的改变而要求拖延工期。同样,工程部不承担承包人对任何被拒绝工程、材料或机具的价款或清除所做的开支。

第十八条　工伤事故

如果由于工地附近发生任何事故导致死、伤或对财产的危害,承包人应将事故的发生及其详细情节和见证通知工程部。类似此种事故还应向国家有关当局报告。

第十九条　通过路、桥、水路运送材料和设备

承包人应采取所有的措施和必要的准备,以免由于其运输工具的通过而对通往工地的公路、桥梁或水路造成危害。

如承包人由必须运往工地的大件物品,而通往工地的公路、桥梁或水路又可能不能承受,乃至造成危害或损害,这时,承包人应在运输之前,把决定运往工地的物品数量和质量的详细材料和建议通知工程部工程师。如果工程师在接到上述通知10天之内,没有向其表明关于这种保护和加固的观点,这时,承包人便执行这种建议,并应准备工程师可能提出的任何改动。如报价单和合同契约中没有任何关于保护和加固专门工程的条款,那么由此而发生的费用和开支由承包人承担,而且不能免除其由于违反国家交通规则而必须履行的义务。

在事故期间或其后的时间内,如工程部接到关于危害道路、桥梁或水路的任何赔偿要求,应通知承包人,承包人应满足这些要求,支付应付款项,且无权向工程部要求有关此类支付的补偿。

第二十条　化石及古物的所有权

如双方在工地上发现琥珀、金属币、古物、有经济价值的材料以及除此以外的诸如有重大地质意义的物品或古玩,所有权归工程部。承包人要采取合适的措施禁止其工人或其他任何

人占据此类物品或损坏之。一经发现,但尚未挖掘或尚未运输,承包人应积极报告工程部,进而用工程部的费用执行工程部发布的有关如何行动的命令。

_____

_____

_____

_____

_____

_____

_____

_____

_____

任务六　施工合同谈判

一、任务描述

通过任务五的完成,你已向所在施工单位提交合同评审意见,现单位分配你按照评审意见,完成该次施工合同谈判。

二、学习目标

通过本学习任务的学习,你应当:

1. 能根据项目实际情况,收集、阅读、分析所需要的资料,并能得出自己的结论;

2. 能确定自己的合同谈判程序和谈判技巧,在规定的时间内完成合同谈判工作,提交谈判报告;

3. 能通过合同谈判,完成和提交风险分析与对策报告,并提出后续工作建议;

4. 通过完成该任务,完成自我评价,并提出改进意见。

三、任务实施

(一)学习准备

引导问题1:完成本任务的前提条件是什么?

_____

_____

_____

引导问题2:根据前期资料,完成本任务需要哪些知识准备,并回答案例1相关问题?

1. 所需知识是:_____

_____

【案例1】

　　某承包商于 2003 年承包一个办公楼的加层改建和装修项目,双方签订了设计施工合同。合同约定承包商负责该项目从方案设计一直到现场施工全过程的承包工作。合同总价 130 万闭口包干,合同工期从 2002 年 11 月初到 2003 年 2 月底,共 4 个月。合同对工期顺延和工程量变更等签证作了详细约定。在合同履行中,因各种原因于 2003 年 3 月 4 日才开始现场施工,到同年 9 月还未竣工,工期延长了 6 个多月,经审价实际工程量增加了近 60 万元,承包商在履约中对近 30 万元的部分工程量增加进行了签证,对工期顺延未进行任何签证。业主以承包商延误工期解除合同,起诉要求承包商承担续建工程费用、工期延误违约金和返还多付的工程款。

　　2. 案例 1 中的承包商在哪些方面有问题? _____

_____

　　可见,合同条款歧义和冲突在施工合同中较为常见。完善的合同条款是合同顺利履行的前提和基础,是企业赢利的保障。在合同审查结束后,如何在合同谈判中为自己争取有利条件呢? 我们应首先确定合同谈判的主要内容、争锋焦点和谈判目的。

　　3. 施工合同谈判的主要内容有哪些?

_____

_____

_____

_____

　　4. 施工合同谈判的主要焦点有哪些?

_____

_____

_____

_____

　　5. 施工合同谈判的主要目的有哪些?

_____

_____

_____

_____

引导问题 3：通过对案例 2～5 的分析，你认为合同谈判涉的主要技巧和策略有哪些？

【案例 2】

湖南省建筑工程集团总公司在成都某大型施工项目的合同谈判中，业主首先抛出一本合同，摆出一副高高在上的施舍者的架势。在这种僵局中，该公司首先强调在合同谈判时，甲乙双方都具有平等的法律地位；第二强调湖南省建筑工程集团总公司是一个具有国家特级资质的国有大型企业，是依法守法的重合同守信誉的单位；第三强调合同的订立必须符合平等、自愿、等价、公平的原则，在合同谈判时双方必须在平等的基础上诚信协商，任何霸道行为都会造成合同谈判的破裂。况且为保证合同的顺利实施，合同谈判双方都应以"先小人后君子"的姿态投入谈判，否则，造成合同无法签订，招标结果无法落实，违反"招投标法"的法律责任应由责任方承担后果。

【案例 3】

A 公司在娄底某一上千万元的工程项目的合同谈判中，业主不同意采用建设部 GF－1999－0201 标准合同文本，拿出了一个简易合同文本与其进行合同谈判，该公司仔细研究了该合同文本，认为其中有几个问题，一是标准合同文本中应由甲方承担的施工场地噪声费、文物保护费、临建费等小费用要求施工方承担，二是业主实行了固定合同价包干，不因其他因素追加合同款。为此该公司进行了现场考察，因施工场地在郊外，不会产生环保与文物保护费等，因此 A 方认为第一条在谈判时可以松动，但固定价格包干的条款决不能答应。在此基础上，A 方依据《合同法》和建设部颁布的标准合同文本条款，逐条与业主进行沟通，最后达成共识：业主因设计修改、工程量变更、材料和人工工资调价导致增加的工程款由业主承担，且按实结算；A 方承担环保、文物保护费、临建费等小费用。最终合同顺利签订，最后的结算价高于中标合同价的 30%，A 方求得了效益最大化，业主也因节省了部分费用。

【案例 4】

B 公司最近的一次合同谈判中，对方提出所有工程进度款一定要由业主现场工程师对工程进度、质量认可签字后才能支付。B 方不同意，业主一定要坚持，B 方据理力争，提出该条界定不准确，工程进度、质量只要符合设计要求、施工标准和规范就要认可，不要添加人为因素。如果业主工程师心情好，不按规范操作，盲目签字，造成工程质量问题责任谁担？结果业主很服气地将该条款改为了"按设计、法规、标准、规范进行施工现场管理"，并对合同执行的依据进行了全面规范。

【案例 5】

在某次合同谈判中，C 公司充分利用建设部颁布的 GF－1999－0201 标准合同文本通用条款第 33 条有关工程竣工结算的规定："发包人收到竣工结算报告资料后 28 天内无正当理由不支付工程竣工结算价款，从第 29 天起按承包人同期向银行贷款利率支付拖欠工程价款利息，并承担违约责任。"以及"发包人收到竣工结算报告以及结算资料 28 天内不支付工程竣工结算款，承包人可以催告发包人支付结算价款。发包人在收到竣工结算报告及结算资料后 56 天内仍不支付的，承包人可以与发包人协议将该工程折价，也可以由承包人申请人民法院将该工程依法拍卖，承包人就该工程折价或者拍卖的价款优先受偿。"在合同谈判中，C 公司把工程结算作为一个关键点来谈，尽可能地使专用条款中结算工程款的内容符合 C 方尽早结算工程款的要求；就具体时间和金额经过双方沟通、商议，总的原则为保本微利，后期拖欠的少量工程款为纯利。对于约定 5% 的保修金，C 方要求质保金在一年内付清，最迟两年内付清 80%，留20% 待五年防水保修期满后付。

(二)任务实施

资料链接

谈判工作的成功与否,通常取决于准备工作的充分程度、谈判策略与技巧的运用程度。谈判的准备工作具体包括以下几部分:

收集资料。谈判准备工作的首要任务是收集、整理发包方及项目的各种背景材料,包括发包方的资信情况、履约能力、已有成绩等。

具体分析。对发包方实力的分析。指对发包方的诚信、技术、财力、物力等状况的分析,首先是重点审查发包方是否为工程项目的合法主体。发包方作为合格的施工承包合同的一方,是否具有拟建工程项目的地皮的立项批文、建设用地规划许可证、建设用地批准书、建设工程规划许可证、施工许可证等证件;二要注意调查发包方的诚信和资金情况,是否具备足够的履约能力。(转自学易网 www.studyez.com)

对谈判目标进行可行性分析。分析谈判双方谈判目标是否正确合理、是否能被发包方接受,以及发包方设置的谈判目标是否合理。如果自身设置的谈判目标有疏漏或错误,就盲目接受发包方的不合理谈判目标,同样会造成项目实施过程中的后患。

对发包方谈判人员的分析。主要了解发包方的谈判组由哪些人员组成,了解他们的身份、地位、性格、喜好、权限等,注意与发包方建立良好的关系,发展谈判双方的友谊,为谈判创造良好的氛围。

对双方地位进行分析。应分别分析整体与局部的优势和劣势。如果己方在整体上处于优势地位,而在个别问题上处于劣势地位,则可以通过后续谈判来弥补局部的劣势。但如果己方在整体上已显示劣势,则除非能有契机转化这一形势,否则就不宜再耗时耗资进行无益的谈判。

拟订谈判方案。总结该项目的操作风险、双方的共同利益、双方的利益冲突,以及在哪些问题上已和发包方取得一致,还存在着哪些问题甚至原则性的分歧等,然后拟订谈判的初步方案,决定谈判的重点。

谈判不是一项简单的机械性工作,而是集合了策略与技巧的艺术,在谈判过程中应充分运用各种谈判策略和技巧。掌握谈判进程,合理分配各议题的时间。工程建设的谈判涉及诸多需要讨论的事项,而各谈判事项的重要性并不相同,谈判双方对同一事项的关注程度也不相同。谈判者要善于掌握谈判进程,在充满合作气氛的阶段,展开自己所关注的议题,从而达成有利于己方的协议;而在气氛紧张时,则引导谈判进入双方具有共识的议题,一方面缓和气氛,另一方面缩小双方差距,推进谈判进程。同时,谈判者应懂得合理分配谈判时间。对于各议题商讨时间的分配应得当,不要过多拘泥于细节性问题。这样可以缩短谈判时间,降低交易成本。分配谈判角色。任何一方的谈判团都由众多人士组成,谈判中应根据各人不同的性格特征扮演不同的角色,有的唱红脸,有的唱白脸,这样可以达到事半功倍的效果。1.注意谈判氛围。谈判各方往往存在利益冲突,要兵不血刃即获成功是不现实的。但有经验的谈判者会在双方分歧严重、交锋激烈时采取润滑措施,舒缓压力。在我国最常见的方式是饭桌式谈判。2.充分利用专家的作用。科技的高速发展致使个人不可能成为各方面的专家,而工程项目谈判又涉及广泛的学科领域,因此充分发挥各领域专家的作用,既可以在专业问题上获得技术支持,又可以利用专家的权威给对方以心理压力。3.拖延和休会。当谈判遇到障碍、陷入僵局的时候,拖延和休会可以使明智的谈判方有时间冷静思考,在客观分析形势后提出替代方案。在一段时间的冷处理后,各方都可以进一步考虑整个项目的意义,进而弥合分歧,将谈判从低谷引向高潮。

引导问题 1:阅读上述资料后,请对本次施工合同谈判工作做一个初步的布置和安排。

_____

_____

_____

_____

提示:

1. 链接资料查找。

2. 合同谈判阶段应收集哪些资料?

引导问题 2:本施工合同谈判应收集哪些资料?

_____

_____

_____

_____

_____

_____

_____

_____

_____

_____

引导问题 3:本次合同谈判应采取哪些策略?

_____

_____

_____

_____

_____

_____

引导问题 4:请各小组形成实施性方案。

1. 工作内容是:_____

_____
_____
_____
_____
_____

2. 工作重点是: _____
_____
_____
_____
_____
_____

引导问题 5: 各小组成果汇总后,完成表2-25~表2-27的填写,并提交书面合同谈判报告。

1. 填写谈判方案。

谈 判 方 案 表   表2-25

谈 判 内 容	谈 判 目 标	谈 判 策 略
工程内容和范围		
技术要求、技术规范和施工技术方案		
工程的开工和工期		
材料和操作工艺		
材　　料		
现场测量和试验的仪器设备		
工序质量检查问题		
付款条件和方式		
工程的变更和增减		
工 程 维 修		
免 责 条 款		
违 约 条 款		
争端解决方式		

2. 填写风险登记册表。

风 险 登 记 册 表   表2-26

风 险 名 称	风 险 描 述	发生可能性	后　果	预防措施建议	应急对策建议

3. 完成后期工作建议表。

后期工作建议表   表 2-27

建 议 内 容	相 关 措 施
建议 1	
建议 2	
建议 3	
建议 4	
建议 5	

4. 提交谈判报告：

_____

_____

_____

_____

_____

_____

_____

_____

_____

_____

_____

_____

_____

_____

_____

_____

_____

_____

_____

_____

_____

_____

_____

_____

四、任务评价

1. 完成表 2-28 的填写。

任 务 评 价 表 表2-28

考核项目	分 数			学生自评	小组互评	教师评价	小计
	差	中	好				
是否具备团队合作精神	1	3	5				
是否积极参与活动	1	3	5				
工作过程安排是否合理、规范	2	10	18				
陈述是否完整、清晰	1	3	5				
是否正确灵活运用已学知识	2	6	10				
是否遵守劳动纪律	1	3	5				
投标工作流程是否符合投标要求	2	4	6				
投标工作重点是否准确	2	4	6				
总 计	12	36	60				

教师签字： 年 月 日 得 分

2. 自我评价。

(1)完成此次任务过程中存在哪些问题？ _____

_____

_____

(2)产生问题的原因有哪些？ _____

_____

_____

(3)请提出相应的解决方法： _____

_____

_____

(4)你认为还需加强哪方面的指导(实际工作过程及理论知识)？

_____

_____

_____

_____

_____

_____

五、拓展训练：请针对任务5拓展训练的合同评审结果，各小组模拟一次合同谈判。

学习情境三　合同监控与变更处理

任务一　施工合同分析

一、任务描述

通过合同谈判的完成,发承包双方已签署施工合同,现单位分配你按照施工合同和相关资料,完成该次施工合同分析。

二、学习目标

通过本学习任务的学习,你应当能:

1. 根据项目实际情况,收集、阅读、分析所需要的资料,并能得出自己的结论;
2. 分析合同漏洞、解释争议内容;
3. 分析合同风险、制定风险对策;
4. 简化、分解合同及进行合同交底;
5. 分解合同工作并落实合同责任;
6. 通过完成该任务,完成自我评价,并提出改进意见。

三、任务实施

(一)学习准备

引导问题1:完成本任务的前提条件是什么?

_____

_____

_____

_____

　引导问题2:根据前期资料,完成本任务需要哪些知识准备?回答案例1相关问题,并完成相关知识测试。

　1.所需知识是:

_____

_____

_____

_____

【案例1】

某建筑公司甲打算与沙石供应商乙签订沙石供应合同。在合同的履行过程中,双方对合同条款中的"1 600元/车"理解发生分歧,一方主张应为东风大货车,一方主张应为农用小货车。

2. 案例 1 中引起双方分歧的主要原因是什么？你认为该如何处理？

_____

_____

_____

可见，合同履行之前，合同管理人员应进行详细的合同分析，这是后期工作开展的基础。

3. 施工合同分析的主要工作内容有哪些？

_____

_____

_____

> **提示：**
>
> 　　合同分析是从合同执行的角度去分析、补充和解释合同的具体内容和要求，将合同目标和合同规定落实施到合同实的具体问题和具体时间上，用以指导具体工作，使合同符合日常工程管理的需要，使工程按合同要求实施，为合同执行和控制确定依据。合同分析不同于招投标过程中对招标文件的分析，其目的和侧重点都不同。合同分析往往由企业的合同管理部门或项目中的合同管理人员负责。

4. 就合同分析，应如何进行工作安排？

_____

_____

_____

5. 相关综合知识测试

【案例 2】

某建筑公司在施工的过程中发现所使用的水泥混凝土的配合比无法满足强度要求，于是将该情况报告给了建设单位，请求改变配合比。建设单位经过与施工单位负责人协商认为可以将水泥混凝土的配合比做一下调整。于是双方就改变水泥混凝土配合比重新签订了一个协议，作为原合同的补充部分。

（1）你认为该新协议有效吗？

_____

_____

_____

【案例 3】

某开发公司是某住宅小区的建设单位；某建筑公司是该项目的施工单位；某采石场是为建筑公司提供建筑石料的材料供应商。2006 年 9 月 18 日，住宅小区竣工。按照施工合同约定，开发公司应该于 2006 年 9 月 30 日向建筑公司支付工程款。而按照材料采供合同约定，建筑公司应该于同一天向采石场支付材料款。2006 年 9 月 28 日，建筑公司负责人与采石场负责人协议并达成一致意见，由开发公司代替建筑公司向采石场支付材料款。建筑公司将该协议的内容通知了开发公司。2006年9月30日,采石场请求开发公司支付材料款,但是开发公司却以未经其同意为由拒绝支付。

(2)你认为开发公司的拒绝是否应该予以支持?

_____

_____

_____

_____

【案例4】

某工程由A企业投资建造,1995年4月28日经合法的招投标程序,由某施工单位B企业中标并于不久后开始施工。该工程施工合同的价款约定为固定总价。该工程变形缝包括滤池变形缝、清水池变形缝和预沉池变形缝。已载明滤池变形缝密封材料选用"胶霸",但未载明清水池变形缝和预沉池变形缝采用何种密封材料。1996年4月,B企业就清水池变形缝和预沉池变形缝的密封材料按合同约定报监理单位批准,其在建筑材料报审表上填写的材料为"建筑密封胶"。监理单位坚决不同意B企业用"建筑密封胶",而要求用"胶霸"。B企业最终按监理单位的要求进行了施工。此后不久,B企业就向A企业补偿使用"胶霸"而增加费用800 000元。因双方无法就此达成一致意见,最后,B企业根据合同的约定将该争议提交给法庭。

B企业提起索赔的理由是:对清水池变形缝和预沉池变形缝采用何种密封材料没有约定;"胶霸"是新型材料,在该工程所在地的工程造价信息中找不到"胶霸"这种建材而只能找到"建筑密封胶",所以其只能按照"建筑密封胶"进行报价。

A企业反驳该索赔的理由是:

第一,变形缝密封材料应不应该使用胶霸的依据是合同和法律,而不是根据"工程材料信息"有无胶霸这种建材。该工程造价信息没有某建筑材料不等于该建筑材料不常用,无法找到而不能选择。

第二,清水池变形缝、预沉池变形缝和滤池变形缝的作用、性质完全相同。根据合同漏洞的解释补充规则,既然双方在选用密封材料之前未能达成补充协议,清水池变形缝和预沉池变形缝的密封材料当然应根据最相关的合同有关条款即载明滤池变形缝确定,即选用胶霸。因此,清水池变形缝和预沉池变形缝的密封材料选用"胶霸"是合同的本来之义,不存在增加合同价款的问题。

(3)这个合同有什么问题?你是如何分析的?

_____

_____

_____

_____

(二)任务实施

引导问题1:通过案例4的分析,各组制订本项目合同分析实施方案。

1.工作内容是:

_____

_____

_____

_____

2. 工作重点是:

_____

_____

_____

_____

3. 组内分工与考核办法是:

_____

_____

_____

_____

_____

引导问题 2:本次施工合同分析应收集哪些资料?

_____

_____

_____

_____

提示:

　1. 链接资料查找。

　2. 合同分析阶段应收集哪些资料?

引导问题 3:本项目合同分析有哪些依据?

_____

_____

_____

提示:

　1. 链接资料查找。

　2. 合同分析的依据有哪些?

引导问题 4:完成本次施工合同整体分析报告。

1. 什么是施工合同整体分析? 应主要考虑哪些方面?

_____

_____

_____

_____

　2. 本次施工合同整体分析报告:

_____

_____

引导问题 5:完成本次施工合同详细分析报告。

1.什么是施工合同详细分析？应从哪些方面进行分析？

_____

_____

_____

_____

2.本次施工合同详细分析报告：

_____

_____

_____

_____

引导问题 6:什么是特殊问题的合同扩展分析？回答案例 5-7 相关问题,并判断本次合同是否存在扩展分析？

1.特殊问题的合同扩展分析：

_____

_____

_____

_____

_____

【案例 5】

某工程按合同规定的总工期,应于××年×月×日开始现场搅拌混凝土。因承包商的混凝土拌和设备迟迟运不上工地,承包商决定使用商品混凝土,但为业主否决。而在承包合同中未明确规定使用何种混凝土。

2.案例 5 中,如果商品混凝土符合合同规定的质量标准,是否也要经过业主批准才能使用？

_____

_____

_____

【案例 6】

某工程合同规定,进口材料的关税不包括在承包商的材料报价中,由业主支付。但合同未规定业主的支付日期,仅规定,业主应在接到到货通知单 30 天内完成海关放行的一切手续。现承包商急需材料,先垫支关税,以便及早取得材料,避免现场停工待料。

3.案例 6 中,承包商是否可向业主提出补偿关税要求？这项索赔是否也要受合同规定的索赔有效期的限制？

【案例7】

某住宅小区桩基础施工包干措施费 100 万元,除本合同特别约定外,不因设计变更、工程进度、市场价格变动或承包人投标失误等任何原因而进行调整。合同工期:50 日历天。由于地质原因,在原定合同工期过半时,工程才完成 20%,进度严重拖后。项目打桩控制原则和施工措施都要做大调整,项目的工期要大大延长,成本也会大大增加。

4. 案例 7 中,这个合同有什么问题?

5. 本次合同是否存在扩展分析? 是什么?

引导问题 7:什么是合同结构分解? 并根据本次施工合同完成表 3-1 的填写。

1. 合同结构分解是:

2. 填写施工合同结构分解表(表 3-1)。

施工合同结构分解表 表 3-1

一般规定				
合同中的组织				
承包商的义务				
业主方的义务				
风险的分担与转移				
工期、进度与移交				
质量、检查与缺陷				
价款、计量与支付				
违约责任				
索 赔				
合同的解除				
争议的解决				

引导问题8:什么是合同交底和合同任务分解？完成本合同交底和分解工作。

1. 合同交底是：_____

_____

_____

_____

2. 合同任务分解是：_____

_____

_____

_____

3. 本合同的交底与任务分解：

_____

_____

_____

引导问题9:什么是合同事件表？它包括哪些主要内容？

_____

_____

_____

_____

引导问题10:选择本次施工合同中一个子项目，完成表3-2的填写。

合 同 事 件 表   表3-2

合 同 事 件 表

子　项　目	事 件 编 码	日　　　期 变 更 次 数
事件名称和简要说明		
事件内容说明		
前 提 条 件		
本事件的主要活动		

合 同 事 件 表

负责人(单位)

费用 计划 实际	其他参加者	工期 计划 实际

四、任务评价

1. 完成表 3-3 的填写。

任 务 评 价 表 表 3-3

考 核 项 目	分 数			学生自评	小组互评	教师评价	小 计
	差	中	好				
团队合作精神	1	3	5				
是否积极参与活动	1	3	5				
工作过程安排是否合理、规范	5	15	25				
陈述是否完整、清晰	1	3	5				
是否正确灵活运用已学知识	2	6	10				
是否遵守劳动纪律	1	3	5				
提交报告是否有可操作性和指导性	1	3	5				
总　　计	12	36	60				

教师签字：　　　　　　　　　　　　　　　　　　　年　　月　　日　得　分

2. 自我评价。

(1)完成此次任务过程中存在哪些问题?

_____

_____

_____

(2)产生问题的原因有哪些?

_____

_____

_____

(3)请提出相应的解决方法：

_____

_____

_____

_____

(4)你认为还需加强哪方面的指导(实际工作过程及理论知识)?

_____

_____

_____

_____

五、拓展训练

某国一公司总承包伊朗的一项工程。由于在合同实施中出现许多问题,有难以继续履行合同的可能,合同双方出现大的分歧和争执。承包商想解约,提出这方面的问题请法律专家作鉴定:

1)在伊朗法律中是否存在合同解约的规定?

2)伊朗法律中是否允许承包商提出解约?

3)解约的条件是什么?

4)解约的程序是什么?

问题:以上事件在性质上属于什么? 对该工作流程进行描述和评价。

_____

_____

_____

_____

【实训】请替春秋建筑公司就四川交通职业技术学院第 4 实训楼施工合同向施工人员进行合同交底。

任务二 施工合同控制

一、任务描述

通过完成合同分析任务,你已经成功地进行了合同交底和任务分解。现单位分配你按照施工合同分析结果,完成该项施工合同控制。

二、学习目标

通过本学习任务的学习,你应当能:

1. 根据项目实际情况,收集、阅读、分析所需要的资料,并能得出自己的结论;

2. 确定合同控制的主要内容和方法;

3. 根据项目实际制订合同控制工作程序;

4. 能对合同实施情况进行追踪分析和偏差分析;

5. 能对合同实施情况进行偏差处理;

6. 通过完成该任务,完成自我评价,并提出改进意见。

三、任务实施

(一)学习准备

引导问题1:完成本任务的前提条件是什么?

_____

_____

_____

_____

引导问题2:根据前期资料,完成本任务需要哪些知识准备?

_____

_____

_____

_____

_____

1. 所需知识是:_____

_____

_____

_____

【案例1】

某工程8层框架结构,建设单位与施工公司签订了施工合同。合同价为固定单价合同。本工程目前正在施工。工程施工时发生如下事件:事件一:本工程电梯设备由发包人供货,发包人的设备已经到货了。事件二:发包人供应的钢筋承包人已接收,但是承包人发现钢筋丢失了10t。承包人向监理工程师提出了索赔钢筋丢失了10t的费用报告。事件三:发包人供应的其他材料在清点时发生了以下的问题:

(1)材料设备单价与一览表不符。

(2)材料设备的品种、规格、型号、质量等级与一览表不符。

(3)发包人供应的材料规格、型号与一览表不符,承包人申请调剂串换。

2. 施工方怎样组织设备清点?

_____

_____

_____

3. 承包人能否要求发包人支付设备保管费用?

_____

_____

_____

_____

4. 承包人能否要求发包人支付设备保管费用？

_____

_____

_____

_____

5. 承包方应当如何处理以上问题？

_____

_____

_____

_____

引导问题3：通过对案例1的分析，你认为合同控制主要工作内容有哪些？

_____

_____

_____

_____

引导问题4：请就本次合同履行过程中的合同控制工作内容进行梳理，填写表3-4和表3-5。

提示：
1. 合同控制涉及工作内容、工作程序。
2. 主动控制与被动控制。

1. 填写合同控制工作记录表（表3-4）。

合同控制工作记录表　　　　　　　　　　　　　　　　　　表3-4

工 作 阶 段	工 作 内 容		
	质 量	工 期	价 款
准 备 阶 段			
效果评价			
施 工 阶 段			

工 作 阶 段	工 作 内 容		
效果评价			
竣工 验收 阶段			
效果评价			

2. 填写合同控制工作程序表(表3-5)。

合同控制工作程序表　　　　　　　　　　　　　表3-5

控 制 类 别			
主 动 控 制		被 动 控 制	
1. 详细调查		1. 找出偏差	
2. 识别风险		2. 分析原因	
3. 制订计划		3. 制定措施	
4. 组织安排		4. 实施纠偏	
5. 备用方案		5. 实际成效	
6. 信息沟通		6. 收集情况	
评定成效			
比较成果			

引导问题5:进行有效合同控制的渠道有哪些?

_____

_____

_____

_____

引导问题6:合同跟踪的依据和对象有哪些?

1.合同跟踪的依据有哪些?

_____

_____

_____

2.合同跟踪的对象有哪些?

_____

_____

_____

_____

(二)任务实施

引导问题1:请对本施工项目设备安装事件进行合同跟踪,并完成表3-6的填写。

某设备安装事件合同跟踪记录表   表3-6

安装质量是否符合合同要求	标　高	位　置	安装精度	材料质量	设备有无损坏
工程数量	是否全部安装完毕	有无合同规定以外的设备安装		有无其他附加工程	

工期	是否在预定期限内施工	工期有无延长	延长的原因

成本的增减	增加数量	减少数量	原 因

分 包 商	完成质量	纠 纷	原 因
	分包商 1		
	分包商 2		
	分包商 3		
	分包商 4		

工程师指令	内容	实施情况
	指令 1	
	指令 2	
	指令 3	
	指令 4	
	指令 5	
	指令 6	

引导问题 2: 根据合同跟踪的数据,如何进行偏差分析与处理?

1. 通常合同实施偏差有哪些?

_____

_____

_____

2. 合同实施偏差分析的内容应包括哪几个方面?

_____

_____

_____

3. 合同实施偏差处理措施有哪些?

_____

_____

_____

_____

引导问题 3：请就本施工项目设备安装事件进行合同实施偏差分析，并完成表 3-7 的填写。

偏 差 分 析 表   表 3-7

偏差名称	内　容	原　　因	处 理 措 施
偏差 1			
偏差 2			
偏差 3			
偏差 4			
偏差 5			
偏差 6			
后续工作建议			

四、任务评价

1. 完成表 3-8 的填写。

任 务 评 价 表   表 3-8

考 核 项 目	分　　数			学生自评	小组互评	教师评价	小　计
	差	中	好				
是否具备团队合作精神	1	3	5				
是否积极参与活动	1	3	5				
工作过程安排是否合理规范	5	15	25				
陈述是否完整、清晰	1	3	5				
是否正确灵活运用已学知识	2	6	10				
是否遵守劳动纪律	1	3	5				
提交报告是否有可操作性和指导性	1	3	5				
总　　计	12	36	60				
教师签字：				年　　月　　日		得　分	

2. 自我评价。

（1）此次完成任务过程中存在哪些问题？

_____

_____

_____

_____

（2）产生问题的原因是什么？_____

_____

_____

_____

_____

(3)请提出相应的解决方法:

_____

_____

_____

_____

(4)你认为还需加强哪方面的指导(实际工作过程及理论知识)?

_____

_____

_____

_____

五、拓展训练

请替春秋建筑公司就四川交通职业技术学院第 4 实训楼施工合同履行过程中出现的某一合同事件进行偏差分析。

任务三　施工合同变更

一、任务描述

通过完成合同控制任务,你已成功地进行合同事件的追踪、记录和处理,并完成偏差的分析和处理。现单位分配你按照施工合同资料,完成该项目施工合同变更处理。

二、学习目标

通过本学习任务的学习,你应当能:

1.根据项目实际情况,收集、阅读、分析所需要的资料,并能得出自己的结论;

2.审查合同变更事由、对工程变更条款进行合同分析;

3.根据项目实际情况,促成工程师提前做出工程变更;

4.对工程师发出的工程变更令进行识别,并分析其对工程实施造成的影响;

5.迅速、全面落实变更指令;

6.通过完成该任务,完成自我评价,并提出改进意见。

三、任务实施

(一)学习准备

引导问题 1:完成本任务的前提条件是什么?

_____

_____

_____

_____

引导问题 2:根据前期资料,完成本任务需要哪些知识准备?

1. 所需知识是:

_____

_____

_____

_____

_____

【案例1】

某工程采用 FIDIC 合同88年第四版和工程量清单计价模式,外墙采用灰砂砖,内墙采用轻质陶粒砖。图纸中没有明确要求砖墙与混凝土柱、梁、墙、板接触的地方挂批荡铁丝网,承包商也没有报价。工程施工过程中,业主要求承包商按规范要求在砖墙与混凝土柱、梁、墙、板接触的地方挂300mm宽的批荡铁丝网,承包商报来变更单价。

2. 案例1中引起合同变更的主要原因是什么? 你认为该如何处理?

_____

_____

_____

_____

3. 什么是施工合同变更?

_____

_____

_____

_____

4. 合同变更的起因有哪些?

_____

_____

_____

_____

_____

5. 合同变更会对以后的合同履行造成什么影响?

_____

_____

_____

_____

_____

【案例2】

某工程8层框架结构,建设单位与施工公司签订了施工合同。合同价为固定单价合同。本工程目前正在施工。

工程施工时发生如下事件:一是,本工程在验收时监理工程师发现:因承包人原因会议室地面装修工程质量没有约定的质量标准;二是,发包人供应的其他材料在清点时发生了以下的问题:a. 材料设备单价与一览表不符;b. 材料设备的品种、规格、型号、质量等级与一览表不符;c. 发包人供应的材料规格、型号与一览表不符,承包人申请调剂串换;d. 到货地点与一览表不符;e. 供应数量少于一览表约定的数量;f. 供应数量多于一览表约定数量;g. 到货时间早于一览表约定时间。承包人提出索赔保管费用。

6. 承包人应承担什么责任? 拆除,返工的费用谁负担?

——————————————————————————————
——————————————————————————————
——————————————————————————————
——————————————————————————————

引导问题 3: 通过对案例 2 的分析,你认为合同变更的主要内容有哪些?

——————————————————————————————
——————————————————————————————
——————————————————————————————
——————————————————————————————

引导问题 4: 阅读案例 3,总结合同变更的主要程序。

【案例 3】

某项住房工程共包括四期工程。某建筑公司承包了一期工程,共三百多户,工期为两年。合同规定工程量变更增减不超过承包商工程总量的 25%。在投标时,承包商希望通过获得一期工程,创造有利条件,以获得后续工程,从而节省临时工程,利用已有机械设备和砂石料厂。由此,以较低价格投标。在一期工程进展到 18 个月时,业主提出将第二期工程中的一部分住房作为第一期的工程变更,交与工程师处理,增加的工程量交给该公司施工。从原合同条款分析,只要增加的工程数量不超过原合同的 25%,承包商应无法拒绝。但承包商经分析讨论,直接发给业主和工程师各一份有理有节的拒绝信。承包商认为,在工程执行过程中,业主和工程师提出的许多变更令和额外工作,其都较好执行了。但这次新增加的住房单元不属于原合同的工程范围,不能通过工程变更来增加工程量。如果双方能协商一个新的调整价格,该公司愿意接受这项任务。或者提请业主将其放在第二期招标工程中。

——————————————————————————————
——————————————————————————————
——————————————————————————————

(二)任务实施

引导问题 1: 回答案例 4 相关问题,并总结合同变更的工作重点。

【案例 4】

春秋建筑公司根据领取的新兴水泥厂 4 000 平方米四层厂房工程项目招标文件和全套图纸编制了投标文件,通过运用低报价策略获得中标。该建筑公司(乙方)于 2008 年 1 月 1 日与新兴水泥厂(甲方)签订了施工合同,合同类型为固定总价合同,工期为 1 年。甲方在乙方进入施工现场后,因资金紧缺,口头要求乙方暂停施工一个月。乙方亦口头答应。工程按合同规定期限验收时,甲方发现工程质量有问题,要求返工。两个月后,返工完毕。结算时甲方认为乙方迟延交付工程,应按合同约定偿付逾期违约金。乙方认为临时停工是甲方要求的。乙方为抢工期,加快施工进度才出现了质量问题,因此迟延交付的责任不在乙方。甲方则认为临时停工和不顺延工期是当时乙方答应的。乙方应履行承诺,承担违约责任。

1. 该工程采用固定价格合同是否合适?

_____

_____

_____

2. 该施工合同的变更形式是否妥当?

_____

_____

_____

_____

3. 合同变更的工作重点是:

_____

_____

_____

_____

引导问题2:各小组明确完成本次施工合同变更分析的具体任务。

_____

_____

_____

引导问题3:本项目施工合同变更分析应收集哪些资料?

链接资料查找
合同变更分析阶段应收集哪些资料?

_____

_____

_____

引导问题4:请对本项目施工合同变更事件进行分析,填写表3-9。

	变更类型	合同事件	变更事由	变更影响	执行情况	责任分析
变更总次数	设计变更					
	施工方案变更					

引导问题 5：对本项目施工合同变更管理提出可行性建议。

_____

_____

_____

_____

_____

_____

四、任务评价

1. 完成表 3-10 的填写。

任 务 评 价 表　　　　　　　　　　　　　　　　表 3-10

考核项目	分　数			学生自评	小组互评	教师评价	小　计
	差	中	好				
是否具备团队合作精神	1	3	5				
是否积极参与活动	1	3	5				
工作过程安排是否合理规范	5	15	25				
陈述是否完整、清晰	1	3	5				
是否正确灵活运用已学知识	2	6	10				
是否遵守劳动纪律	1	3	5				
提交报告是否有可操作性和指导性	1	3	5				
总　　计	12	36	60				

教师签字：　　　　　　　　　　　　　　　　　　　年　　月　　日　得　分

2. 自我评价。

（1）完成此次任务过程中存在哪些问题？＿＿＿＿＿＿＿＿＿＿＿＿＿

＿＿＿＿＿＿＿＿＿＿＿＿＿＿＿＿＿＿＿＿＿＿＿＿＿＿＿＿＿＿＿＿＿＿

＿＿＿＿＿＿＿＿＿＿＿＿＿＿＿＿＿＿＿＿＿＿＿＿＿＿＿＿＿＿＿＿＿＿

（2）产生问题的主要原因有哪些？＿＿＿＿＿＿＿＿＿＿＿＿＿＿＿＿＿

＿＿＿＿＿＿＿＿＿＿＿＿＿＿＿＿＿＿＿＿＿＿＿＿＿＿＿＿＿＿＿＿＿＿

＿＿＿＿＿＿＿＿＿＿＿＿＿＿＿＿＿＿＿＿＿＿＿＿＿＿＿＿＿＿＿＿＿＿

＿＿＿＿＿＿＿＿＿＿＿＿＿＿＿＿＿＿＿＿＿＿＿＿＿＿＿＿＿＿＿＿＿＿

（3）请提出相应的解决方法：＿＿＿＿＿＿＿＿＿＿＿＿＿＿＿＿＿＿＿＿

＿＿＿＿＿＿＿＿＿＿＿＿＿＿＿＿＿＿＿＿＿＿＿＿＿＿＿＿＿＿＿＿＿＿

＿＿＿＿＿＿＿＿＿＿＿＿＿＿＿＿＿＿＿＿＿＿＿＿＿＿＿＿＿＿＿＿＿＿

＿＿＿＿＿＿＿＿＿＿＿＿＿＿＿＿＿＿＿＿＿＿＿＿＿＿＿＿＿＿＿＿＿＿

（4）你认为还需加强哪方面的指导（实际工作过程及理论知识）？

＿＿＿＿＿＿＿＿＿＿＿＿＿＿＿＿＿＿＿＿＿＿＿＿＿＿＿＿＿＿＿＿＿＿

＿＿＿＿＿＿＿＿＿＿＿＿＿＿＿＿＿＿＿＿＿＿＿＿＿＿＿＿＿＿＿＿＿＿

＿＿＿＿＿＿＿＿＿＿＿＿＿＿＿＿＿＿＿＿＿＿＿＿＿＿＿＿＿＿＿＿＿＿

五、拓展训练

请替春秋建筑公司就四川交通职业技术学院第 4 实训楼施工某一合同变更事件进行分析和处理。

学习情境四　合同纠纷处理与索赔管理

任务一　施工合同纠纷处理

一、任务描述

通过合同变更任务的完成,你已成功处理了合同变更事务。现单位分配你按照施工合同资料,继续对该项目实施过程中发生的合同纠纷进行处理,为以后的索赔工作提供条件。

二、学习目标

通过本学习任务的学习,你应当能:

1. 根据项目实际情况,收集、阅读、分析所需要的资料,并能得出自己的结论;
2. 能辨别和分析合同常见纠纷;
3. 根据项目实际情况,确定纠纷解决的方式;
4. 及时提出纠纷解决办法;
5. 做好纠纷处理的准备和善后工作;
6. 通过完成该任务,完成自我评价,并提出改进意见。

三、任务实施

(一)学习准备

引导问题 1:完成本任务的前提条件是什么?

_____

_____

_____

_____

引导问题 2:根据前期资料,完成本任务需要哪些知识准备,阅读资料 1 回答相关问题并完成相关知识测试。

1. 所需知识是:

_____

_____

_____

_____

_____

相关资料

山东省无棣县人民法院

民事判决书

(2009)棣商初字第 353 号

原告:滨州市丰泰置业发展有限公司。住所地滨州市黄河二路 359 号。

法定代表人:贺之清,董事长。

委托代理人:管曙光,山东纵横家律师事务所律师。

原告滨州市丰泰置业发展有限公司(以下简称丰泰公司)诉被告滕州市远东建设工程有限公司(以下简称远东公司)建设工程施工合同纠纷一案,原告于 2009 年 1 月 20 日向本院起诉。本院受理后,依法组成合议庭,于 2009 年 3 月 18 日、6 月 18 日公开开庭审理了本案。原告丰泰公司的委托代理人管曙光、腾统林,被告远东公司的委托代理人刘忠到庭参加诉讼。本案现已审理终结。

原告丰泰公司诉称:原告丰泰公司将其开发的无棣县疾病预防控制中心的安置楼、业务综合楼的施工任务承包给被告。2008 年 11 月 19 日,原、被告双方签订《工程款拨付担保协议》,约定:原告于 2008 年 11 月 19 日向被告拨款 20 万元、11 月 28 日向被告拨款 10 万元,两次共计 30 万元,被告以其在无棣县疾病预防控制中心项目部的所有设备、材料作为担保(详见材料附表),工程竣工经双方决算后,若剩余工程款超出 30 万元,则上述拨款抵作应当拨付的工程款,否则,双方按实际价格处理拍卖以上担保物后,由原告按实际拨超的数额予以扣回。工程竣工后,双方委托滨州永正有限公司会计师事务所进行审计,审计结果为业务综合楼工程造价 1 723 697.33 元,拆迁安置楼工程造价 3 243 394.81 元,共计 4 967 092.1 元。而在施工过程中,包括原告代被告购买的材料,实际拨款为 5 261 194.6 元,拨超 294 102.5 元,为此款,双方协商无果,原告无奈诉至法院,请求法院依法判令被告返还超支的工程款 294 102.5 元。

被告远东公司辩称:一、本案应由被告所在地即滕州市人民法院法院管辖,无棣县人民法院没有管辖权。原、被告之间的纠纷不属于建设工程施工合同纠纷,被告通过公开招投标与无棣县疾病预防控制中心签订了该中心的业务综合楼、拆迁安置楼建设工程施工合同,原告自认为该工程由其开发没有事实依据,其起诉的事实基础不存在。按照原、被告签订的《工程款拨付担保协议》。原告只是该工程的代建单位,不是该工程的开发商,其付款行为也仅仅是代替无棣县疾病预防控制中心支付工程款的行为,该协议也没有约定无棣县人民法院作为管辖法院;二、原告诉讼主体不合格。因为原告不是该建设工程的施工合同主体,即使按照《工程款拨付担保协议》被告超支了工程款,提起诉讼的应当是无棣县疾病预防控制中心;三、涉案工程是经过招投标的建设工程,根据相关法律规定,在招投标订立的施工合同之外另行签订的合同均为无效合同。依据《中华人民共和国招标投标法》第四十六条,其五十七条,第五十九条的规定,涉案工程由被告和无棣县疾病预防控制中心签订了施工合同,原告和被告所签订的任何协议都违反了法律的强制性规定,都是无效的;四、涉案工程尚未竣工,不存在结算的基础。原告所称经过双方结算没有事实依据,被告从来没有和原告进行过工程价款的结算,该结算仅仅是原告的单方行为,被告不予认可。另外行为人刘其彬的签字没有经过被告的授权,其行为所发生的后果应当由其自行承担。退一步讲,即使该工程具备了结算条件,结算的双方应当是被告和无棣县疾病预防控制中心,原、被告不存在结算的事实基础。综上,请求人民法院依法驳回原告的诉讼请求。

经审理查明:被告远东公司通过招投标的形式取得了无棣县疾病预防控制中心的业务综

合楼、拆迁安置楼工程建设工程。2008年6月12日，被告远东公司和无棣县疾病预防控制中心签订了《建设工程施工合同》，约定合同总造价5 999 238.67元，开工时间为2008年6月12日，竣工时间为2008年10月10日。2008年7月15日，无棣县疾病预防控制中心与原告丰泰公司签订《联合开发协议》，由丰泰公司对无棣县疾病预防控制中心的业务综合楼和拆迁安置楼进行投资，业务综合楼的一层由丰泰公司占有使用。后丰泰公司在2008年6月12日与被告远东公司签订补充协议，就涉案工程的建设进行了明确和补充。被告远东公司依据其与无棣县疾病预防控制中心签订的建设工程施工合同及与原告丰泰公司签订的补充协议履行了无棣县疾病预防控制中心的业务综合楼及拆迁安置楼的承建义务。在合同履行中，因双方对拨付款数额产生争议，2008年11月19日，原告丰泰公司与被告远东公司签订"工程款拨付担保协议"，协议的主要内容为：远东公司为确保工人工资按时发放，特向丰泰公司申请拨付工程款30万元，2008年11月19日支付20万元，11月28日支付10万元。远东公司以工地上的设备、材料作为担保。工程决算交付审计后，如果剩余工程款数额超出30万元，上述远东公司所接受的30万元则作为丰泰公司拨付的工程款，若剩余工程款达不到30万元，则将远东公司的担保物由双方按实际价格处理拍卖，丰泰公司按实际超出金额扣回。无棣县疾病预防控制中心作为该协议的担保人在协议上加盖了公章。后丰泰公司对远东公司所承建的工程交由滨州永正有限责任公司会计师事务所审计，发现其超支工程款294 102.50元，其遂以滨州永正有限责任公司会计师事务所出具的证明及拨付款担保协议为依据向本院提起诉讼，要求被告远东公司返还超支的工程款。另查明，涉案工程的工程款拨付均由丰泰公司直接支付给远东公司，远东公司为丰泰公司出具收据。在工程结算过程中，远东公司和丰泰公司就结算依据等相关事宜达成了协议，滨州永正有限责任公司会计师事务所依据双方最后达成的协议，出具了"滨永会建字(2009)第023号工程造价咨询报告"，审定涉案工程结算值为5 041 297.25元。对该数额，被告远东公司作为施工单位加盖公章予以确认。以上事实，有原、被告当庭陈述，建设工程施工合同，招标文件及中标通知书，补充协议，工程款拨付担保协议，"滨永会建字(2009)第023号工程造价咨询报告"，拨付款收据等予以证实，该系列证据已经双方当事人当庭质证，可以作为认定案件事实的证据。

本院认为，丰泰公司和远东公司争议的焦点问题有三个，一是原告丰泰公司的主体是否适格？二是丰泰公司和远东公司所签补充协议是否有效？三是"滨永会建字(2009)第023号工程造价咨询报告"能否作为有效证据使用？被告在答辩状中提出本院不具备管辖权的理由因其未在法定期限内提出管辖权异议且其已按时到庭应诉，故对该程序问题本院不再论述。关于第一个焦点问题。被告远东公司的确是通过招投标的方式承揽了无棣县疾病预防控制中心的业务综合楼、拆迁安置楼工程并与无棣县疾病预防控制中心签订了建设工程施工合同，该合同为有效合同。无棣县疾病预防控制中心为筹措资金来源，其与丰泰公司签订了联合开发协议，约定由丰泰公司出资，沿街一楼由丰泰公司处理，这种联建方式并不为法律所禁止。为了便于涉案工程的履行，丰泰公司与远东公司签订补充协议，就工程建设中的相关细节进行了明确，在该合同履行过程中，远东公司一直接受丰泰公司拨付的工程款，其后双方对拨付款数额产生争议后，又签订了工程款拨付担保协议。以上事实足以说明，被告远东公司对丰泰公司的投资地位是明知的。丰泰公司依据工程款拨付担保协议追究远东公司返还超支工程款的责任主体合格。关于第二个焦点问题。因为丰泰公司和无棣县疾病预防控制中心有联建协议，该协议在工程主体上虽然不能对抗远东公司，但丰泰公司在远东公司和无棣县疾病预防控制中心所签订的建设工程施工合同框架内就工程的具体细节签订补充协议，并非是对原合同实质内容的变更,也不存在"黑白合同"之说,该补充协议的内容亦无规避法律规定和行政监管的情形,在结算依据上原告丰泰公司和被告远东公司也达成了合意。因而,丰泰公司和远东公司2008年6月12日所签补充协议为有效协议。关于第三个焦点问题。"滨永会建字(2009)第023号工程造价咨询报告"的确是由原告丰泰公司单方委托作出,如果被告远东公司提出异议,本院不会认可其效力。但该报告作出后,原、被告在庭外就该报告涉及的相关数额进行了确定,被告远东公司对审计报告内容予以认可并加盖公章确认,原、被告双方对涉案工程量已不存在争议。原告在法庭上再主张系原告丰泰公司单方委托其不予承认的辩解观点无事实和法律依据,该审计报告应当作为定案的依据。在对上述争议的焦点问题作出评判之后,本案事实已非常明确。原告丰泰公司实际拨付工程款1 675 000元,代购材料款3 589 296.37元,合计5 264 296.37元,审计数额为5 041 297.25元,丰泰公司超支222 999.12元。按照原、被告签订的工程款拨付担保协议,被告远东公司应将超支款项返还丰泰公司。被告在庭审中提出的行为人刘其彬未经授权及结算基础不存在、丰泰公司系代付款行为等辩解意见因与事实不符,不予采信。

本案经调解无效,依照《中华人民共和国合同法》第六十条,第一百零七条,第二百六十九条,第二百七十条,《最高人民法院关于审理建设工程施工合同纠纷案件适用法律问题的解释》第十六条,第十九条之规定,判决如下:被告滕州市远东建设工程有限公司返还滨州市丰泰置业发展有限公司工程款222 999.12元,于本判决生效后十日内一次付清。如果未按本判决指定的时间履行金钱给付义务,应当依照《中华人民共和国民事诉讼法》第二百二十九条的规定,加倍支付迟延履行期间的债务利息。案件受理费5 712元,由原告滨州市丰泰置业发展有限公司负担1 381元,被告滕州市远东建设工程有限公司负担4 331元,财产保全费1 991元,由被告滕州市远东建设工程有限公司负担。

如不服本判决,可在判决书送达之日起十五日内,向本院递交上诉状,并按对方当事人的人数提出副本,上诉于山东省滨州市中级人民法院。

审判长　石坤刚

审判员　秘杰云、刘志国

书记员　杜建成

二〇〇九年七月二十日

2. 常见合同纠纷有哪些?

_____

_____

_____

3. 它的解决途径有哪些? 各自有什么特点?

_____

_____

_____

_____

4. 相关知识测试

合同规定建材供应商甲应在9月10日向乙公司交付一批钢材。8月20日,甲公司把货运送到乙公司。此时乙有权应如何处理?

A. 拒绝接受货物

B. 不接收货物并要求对方承担违约责任

C. 接收货物并要求对方承担违约责任

D. 接收货物并要求对方支付增加的费用

引导问题3:阅读案例1~3,回答相关问题。

【案例1】

2000年元旦,某甲(该公司职员)与某建筑安装公司(下称建筑公司)签订内部承包协议,约定某甲承包该公司第一项目部并作为项目经理,向公司上交管理费,其所联系的工程以公司名义签订合同但由某甲组织实施。2000年7月17日,某科研所就西桥小区1号楼施工招标,某甲代表建筑公司投标并中标,中标价168.2万元,暂估建筑面积5100m²。次日,某甲以建筑公司委托代理人身份与该科研所签订施工合同,工期330天,价款168.2万元,单价每平方米270元,建筑面积6896m²,最后以实际竣工面积计算,单价不得改变。2002年2月20日,工程竣工验收合格并交付使用。科研所与建筑公司双方对竣工建筑面积为5932m²无异议,但就结算总价款出现争议。2003年上半年,双方就结算事宜达成和解,但是,科研所并未支付结算款。2004年6月某甲以建筑公司怠于行使对科研所到期债权而损害其应得款项为由,以科研所为被告,代位建筑公司请求法院判令科研所支付剩余工程款及利息79万元,提起代位权诉讼。

1. 什么是代位权?

_____

_____

_____

2. 某甲提起代位权诉讼是否能得到支持?

_____

_____

_____

【案例2】

1998年3月,某咨询公司向某银行支行(下称"银行")贷款300万美元,并由某科技公司提供连带责任保证。由于咨询公司未按期偿还贷款,科技公司作为保证人与咨询公司向银行承担连带清偿责任。2001年6月,经各方协商,某电子公司同意代替科技公司承担保证责任,向该银行支付偿还本金200万美元、利息47万美元,并代替科技公司向咨询公司行使追索权。此后,电子公司陆续履行前述支付义务,并按照协议向咨询公司追偿,均未果。2002年,电子公司起诉咨询公司,要求追偿其已支付的前述款项,获得生效判决的支持。但是,咨询公司的资产状况不能满足该生效判决的执行需要。执行期间,电子公司获悉以下事实:1998年8月6日,咨询公司与某物业管理中心(下称"物业中心")签订"股权转让协议",将咨询公司所持有某贸易中心的50%股权无偿转让给物业中心;同年9月该转让获得主管部门批准;同年11月,国家工商行政管理局企业注册局作出变更登记,将贸易中心的股东由咨询公司变更登记为物业中心;1999年1月25日,《证券报》在贸易中心的招股说明书上载明咨询公司曾转让股权。2003年,电子公司以咨询公司无偿转让股权,恶意侵害其债权为由,诉至法院请求撤销该无偿转让股权行为。法院以电子公司不具备行使撤销权的债权人资格,驳回电子公司诉讼请求。

3.什么是撤销权?

_____

_____

_____

_____

4.行使撤销权应满足的条件有哪些?行使时应当遵循什么程序?

_____

_____

_____

_____

【案例 3】

2005 年底,某发包人与某施工承包人签订施工承包合同,约定施工到月底结付当月工程款进度款。2006 年初承包人接到开工通知后随即进场施工,截至 2006 年 4 月,发包人均结清当月应付工程进度款。承包人计划 2006 年 5 月完成的当月工程量约为 1 800 万元,此时承包人获悉,法院在另一诉讼案中对发包人实施保全措施,查封了其办公场所;同月,承包人又获悉,发包人已经严重资不抵债。2006 年 5 月 3 日,承包人向发包人发出书面通知称,"鉴于贵司工程款支付能力严重不足,本公司决定暂时停工本工程施工,并愿意与贵司协商解决后续事宜"。

5.案例 3 中承包方的停工行为是否合法?

_____

_____

_____

(二)任务实施

引导问题 1:请将本次施工合同履行过程中发生的合同纠纷进行分类并填写表 4-1。

合同纠纷处理记录表   表 4-1

纠 纷 类 型	引 发 原 因	解 决 方 式	评 价
工程价款支付主体争议			
进度款支付争议			
对计价方法的争议			
工程质量争议			
竣工结算争议建设			
工期争议			
安全损害赔偿争议			

引导问题 2:各小组在对本项目施工合同纠纷汇总分析的基础上,提交可行性建议。

_____

_____

_____

四、任务评价

1. 完成表 4-2 的填写。

任 务 评 价 表 表 4-2

考 核 项 目	分 数			学生自评	小组互评	教师评价	小 计
	差	中	好				
是否具备团队合作精神	1	3	5				
是否积极参与活动	1	3	5				
工作过程安排是否合理、规范	5	15	25				
陈述是否完整、清晰	1	3	5				
是否正确灵活运用已学知识	2	6	10				
是否遵守劳动纪律	1	3	5				
提交报告是否有可操作性和指导性	1	3	5				
总　　计	12	36	60				

教师签字：　　　　　　　　　　　　　　　　　　　　　　年　　月　　日　　得　分

2. 自我评价。

(1) 完成此次任务过程中存在哪些问题？ _____

_____

_____

_____

(2) 产生问题的原因有哪些？

_____

_____

_____

(3) 请提出相应的解决方法：_____

_____

_____

(4) 你认为还需加强哪方面的指导(实际工作过程及理论知识)？

_____

_____

_____

_____

_____

五、拓展训练

1.某建设单位与某施工企业订立了施工合同,由于建设单位严重违约导致施工企业解除合同,根据《合同法》的规定,合同解除后合同中约定的(　　)条款仍然有效。

A.质量　　　　　B.结算　　　　　C.仲裁　　　　　D.标的　　　　　E.担保

2.下列关于合同解除的有关表述中,正确的是(　　)。

A.合同解除后,尚未履行的,终止履行

B.合同解除后,已经履行的,必须维持履行后的现状

C.因不可抗力致使不能实现合同的目的的,当事人一方可以行使解除权

D.合同终止后,不影响合同中结算和清理条款的效力

E.合同解除后,是针对效力待定的合同

3.当合同约定的违约金过分高于因违约行为造成的损失时,违约方(　　)。

A.可以拒绝赔偿

B.不得提出异议

C.可以要求仲裁机构裁定予以适当减少

D.可以要求建设行政主管部门裁定予以适当减少

4.某建筑材料采购合同,既约定了违约金,又约定了定金。当一方违约时,守约方(　　)。

A.必须适用违约金条款　　　　　B.必须适用定金条款

C.可以选择适用违约金或定金条款　　　　　D.两者都不能适用,因约定无效

解析:根据《合同法》第一百一十六条,当事人既约定违约金,又约定定金的,一方违约时,对方可以选择适用违约金或者定金条款。

5.违反合同的当事人支付了违约金和赔偿金后,对方仍要求继续履行合同时,违约方(　　)。

A.应在对方同意变更合同约定的违约责任条款后再继续履行合同

B.在继续履行过程中可更换标的

C.必须按合同条款继续履行合同

D.可拒绝继续履行合同

6.法定债务抵消必须是互负到期债务,而且标的物(　　)。

A.品质相同、种类相同　　　　　B.品质不同、种类相同

C.品质相同、种类不同　　　　　D.品质、种类都可以不同

7.依据合同法,履行合同中承担违约责任的条件包括(　　)。

A.当事人不履行合同

B.当事人履行合同不符合约定的条件

C.当事人在订立合同中有过错

D.当事人订立合同中有欺诈行为

E.当事人因第三人的原因造成违约

8.仲裁委员会对合同纠纷进行仲裁时,如不能形成多数意见,裁决应当按照(　　)的意见作出。

A.上级仲裁委员会　　　　　B.本地政法委

C.首席仲裁员　　　　　D.仲裁委员会主任

9. 甲、乙双方在合同中约定了"如合同发生争议,将争议提交Q市仲裁委员会仲裁"。后合同在履行中发生争议,以下叙述正确的是(   )。

  A. 如一方当事人向人民法院提起起诉,人民法院不予受理

  B. Q市仲裁委员会应当对合同争议进行仲裁

  C. 当事人仍可将争议向人民法院提起起诉

  D. 合同当事人均应受仲裁协议的约束

  E. Q市仲裁委员会作出裁决后立即生效

10. 如果解决施工合同纠纷的仲裁程序违法,当事人可以向仲裁委员会所在地的(   )申请撤销仲裁裁决。

  A. 中级人民法院   B. 政府的建设行政主管部门

  C. 上级仲裁委员会   D. 质量监督机构

11. 甲乙双方合同当事人之间出现合同纠纷,约定由仲裁机构仲裁,仲裁机构受理仲裁的前提是当事人提交(   )。

  A. 合同公证书   B. 仲裁协议书

  C. 履约保函   D. 合同担保书

12. 涉及工程造价问题的施工合同纠纷时,如果仲裁庭认为需要进行证据鉴定,可以由(   )鉴定部门鉴定。

  A. 申请人指定的   B. 政府建设主管部门指定的   C. 工程师指定的

  D. 当事人约定的   E. 仲裁庭指定的

13.《合同法》中,有关承担违约责任的规定,采用的原则包括(   )。

  A. 补偿性原则   B. 严格责任原则   C. 惩罚性原则

  D. 有限责任原则   E. 连带责任原则

14. 某工程项目施工中发包人和承包人发生合同纠纷,当事人申请仲裁解决纠纷的前提条件是(   )。

  A. 施工合同中当事人选择了仲裁方式和仲裁机构

  B. 通过有关调解仍未解决合同纠纷

  C. 施工合同当事人在纠纷发生后达成仲裁协议

  D. 和解无效

  E. 人民法院没有管辖权

15. 建设工程合同纠纷由(   )的仲裁委员会仲裁。

  A. 工程所在地   B. 仲裁申请人所在地

  C. 纠纷发生地   D. 双方协商选定

任务二 施工索赔管理

一、任务描述

  通过前一任务的完成,你已成功处理了项目实施中的相关合同纠纷,并进行了资料记录和归档。现单位分配你按照前期资料,继续处理相关索赔纠纷,进行有效的索赔管理。

二、学习目标

通过本学习任务的学习,你应当能:

1. 根据项目实际情况,收集、阅读、分析所需要的资料,并能得出自己的结论;

2. 区别索赔与签证、违约责任;

3. 在索赔有效期提交索赔意向书;

4. 收集索赔证据与依据,编写索赔文件;

5. 按照索赔流程,处理索赔事务参与索赔谈判;

6. 通过完成该任务,完成自我评价,并提出改进意见。

三、任务实施

(一)学习准备

引导问题 1:完成本任务的前提条件是什么?

_____

_____

_____

_____

引导问题 2:根据前期资料,完成本任务需要哪些知识准备,并回答案例 1~5 相关问题?

1. 所需知识是:

_____

_____

_____

_____

【案例 1】

某宿舍楼工程,地下 1 层,地上 9 层,建筑高度 31.95m,钢筋混凝土框架结构,基础为梁板式筏形基础,钢门窗框、木门,采用集中空调设备。施工组织设计确定,土方采用大开挖放坡施工方案,开挖土方工期 15 天,浇筑基础底板凝土 24 小时连续施工,需 3 天。施工过程中发生如下事件:

事件 1:施工单位在合同协议条款约定的开工日期前 6 天提交了一份请求报告,报告请求延期 10 天开工,其理由为:

(a)电力部门通知。施工用电变压器在开工 4 天后才能安装完毕。

(b)由铁路部门运输的 3 台属于施工单位自有的施工主要机械在开工后 8 天才能运到施工现场。

(c)为工程开工所必需的辅助施工设施在开工后 10 天才能投入使用。

事件 2:工程所需的 100 个钢门窗框是由业主负责供货,钢门窗框运达施工单位工地仓库,并经入库验收。施工过程中进行质量检验时,发现有 5 个钢窗框有较大变形,甲方代表即下令施工单位拆除,经检查原因属于使用材料不符合要求。

事件 3:由施工单位供货并选择的分包商将集中空调安装完毕,进行联动无负荷试车时需电力部门和施工单位及有关外部单位进行某些配合工作。试车检验结果表明,该集中空调设备的某些主要部件存在严重质量问题,需要更换,分包方增加工作量和费用。

事件4:在基础回填过程中,总包单位已按规定取土样,试验合格。监理工程师对填土质量表示异议,责成总包单位再次取样复验,结果合格。

2.案例1中,事件的施工单位请求延期的理由是否成立? 应如何处理?

_____

_____

_____

_____

3.案例1中,事件2、事件3、事件4属于哪个责任方? 应如何处理?

_____

_____

_____

_____

【案例2】

某高层酒店工程,计划开工日期为1999年6月5日,竣工日期为2001年10月20日,合同内约定按月进度支付工程款,在统计报量递交后14天内甲方审定并支付工程进度款的90%。工程按期开工,工程进展顺利,在工程进行到主体结构施工时,出现了下述问题:

事件一:二层结构部分完成时,承包人按合同约定,及时向甲方提交了以完工作量统计报告,但是甲方未按合同约定的付款方式和期限支付工程进度款,乙方在此情况下开始停工,直到甲方支付工程进度款和违约赔偿金后乙方才开始复工,工期耽误了180天。

事件二:甲方按合同约定支付了工程进度款,乙方按正常管理方式恢复施工。在工程施工到12层时,发生了不幸的事故,某一脚手架工人在施工时因未按规定使用安全设施,不慎从脚手架上坠落,造成死亡,施工单位及时向甲方和国家安全生产管理部门通报,因此工期耽误了20天。

4.案例2中,事件1的承包商是否可以向甲方提出工人窝工索赔和施工单位在停工期间保护整理施工现场所发生的费用索赔?

_____

_____

_____

_____

5.案例2中,事件2的承包商是否可以向甲方提出工期索赔? 为什么?

_____

_____

_____

6.如果案例2中,工程合同工期为300天,甲方批准工期可以延长20天,本工程实际完工工期为多少天? 因事件2造成工期延长20天,甲方是否可以向承包商提出因工期延长一天所增加发生的现场管理费的索赔要求？

_____

_____

_____

_____

【案例3】

某项工程建设项目,业主和施工单位按《建设工程施工合同文本》签订了工程施工合同,工程未进行投保。在工程施工过程中,遭受罕见暴风雨的袭击,造成了相应的损失,施工单位及时向监理工程师提出索赔要求,并附有索赔有关的资料和证据。索赔报告的基本要求如下:

a.遭罕见暴风雨袭击是施工方不可遇见的不可抗力事件,由此造成的损失是因非施工单位原因引起的,故应由业主承担赔偿责任。

b.给已建部分工程造成损坏,损失计18万元,应由业主承担修复的经济责任,施工单位不承担修复的经济责任。施工单位人员因此灾害数人受伤,处理伤病医疗费用和补偿金总计3万元,业主应给予赔偿。

c.施工单位现场的使用机械、设备受到损坏,造成损失8万元,由于现场停工造成台班费损失4.2万元,业主应承担赔偿和修复的经济责任。工人窝工费3.8万元,业主应予支付。

d.因暴风雨造成现场停工8天,要求合同工期顺延8天。

e.由于工程破坏,清理现场需费用2.4万元,业主应予支付。

7.案例3中,监理工程师对施工单位提出的索赔要求如何处理？

_____

_____

_____

_____

8.如发生不可抗力,对于承发包双方风险分担的原则是什么？

_____

_____

_____

_____

【案例4】

某引水系统工程,承包商应业主的要求,于1996年2月开工。施工期间的1996年6月初至8月底,遇到大雨连绵。由于引水隧道经过断层和许多溶洞,地下水量大增,造成停工和设备淹没。经业主同意,承包商紧急从外省市调来排水设施,承包商于1996年6月12日就增加排水设施向业主提出索赔意向,9月15日正式提出索赔要求,索赔项目:

被淹没设备损失100万元;增加排水设施费用60万元,合计160万元。

9.案例4中,承包商的索赔要求能否成立？为什么？

_____

_____

_____

_____

10.案例4中,承包商提出索赔要求时,应向业主提供哪些索赔文件？

_____

_____

_____

_____

【案例5】

某建筑公司(乙方)于某年4月20日与某厂(甲方)签订了修建建筑面积为3 000m² 工业厂房(带地下室)的施工合同。乙方编制的施工方案和进度计划已获监理工程师批准。

该工程的基坑施工方案规定:土方工程采用租赁一台斗容量为1m³ 的反铲挖掘机施工。甲、乙双方合同约定5月11日开工,5月20日完工。在实际施工中发生如下几项事件:

a. 因租赁的挖掘机大修,晚开工2天,造成人员窝工10个工日;

b. 基坑开挖后,因遇软土层,接到监理工程师5月15日停工的指令,进行地质复查,配合用工15个工日;

c. 5月19日接到监理工程师于5月20日复工的指令,5月20日~5月22日,因下罕见的大雨迫使基坑开挖暂停,造成人员窝工10个工日;

d. 5月23日用30个工日修复冲坏的永久道路,5月24日恢复正常挖掘工作,最终基坑于5月30日挖坑完毕。

11. 案例5中,建筑公司对上述哪些事件可以向厂方要求索赔,哪些事件不可以要求索赔,并说明原因。

_____

_____

_____

_____

12. 案例5中,每项事件工期索赔各是多少天? 总计工期索赔是多少天?

_____

_____

_____

_____

引导问题3:通过对案例1~5相关问题的分析,回答以下问题。

1. 索赔的起因、分类和主要依据有哪些?

_____

_____

_____

_____

2. 常见的索赔问题有哪些?

_____

_____

_____

_____

3.《建设工程施工合同(示范文本)》中关于合同约定工期内发生不可抗力事件的合同责任是如何规定的?

4. 简述工程施工索赔的主要程序。

5. 如何收集索赔证据与依据,审核索赔数额,编写索赔文件?

(二)任务实施

引导问题4:请阅读本项目索赔事件记录资料,处理以下相关事务。

【本项目索赔事件】

建设单位将成都花园三期商业Ⅱ区景观工程施工的装饰和设备安装工程施工分别发包给华星装饰施工单位和鸿运设备安装单位,经建设单位同意,装饰施工单位又将防水施工分包给天一专业防水工程公司。

建设单位与装饰施工单位和设备安装单位分别签订了施工合同和设备安装合同。在工程延期方面,合同中约定,业主违约一天应补偿承包方5 000元人民币,承包方违约一天应罚款5 000元人民币。

该工程所用的防水材料由建设单位供应。

按施工总进度计划的安排,规定防水施工应从6月10日开工至6月20日完工。但在施工过程中,由于建设单位供应材料不及时,使防水施工在6月12日才开工;6月13日至6月18日防水工程公司的施工人员因自身原因未能施工;7月19日至7月22日又出现了100年一遇的异常大雨。

1. 在上述工期拖延中,哪些由建设单位承担? 哪些由施工单位承担?

2. 装饰施工单位应获得的工期补偿和费用补偿各为多少?

3. 设备安装单位的损失应由谁承担责任,应补偿的工期和费用是多少?

_____

_____

_____

_____

4. 施工单位如何向建设单位提起索赔?

_____

_____

_____

_____

5. 分包商向承包商提出索赔要求后,承包商应该怎样处理?

_____

_____

_____

_____

引导问题 2:通过对以上事件的处理,总结索赔技巧和索赔重点。

1. 索赔技巧是:

_____

_____

_____

2. 索赔重点是:

_____

_____

_____

引导问题 3:请对本次施工合同所有索赔事件进行分类,填写表4-3。

合同索赔记录表

表4-3

索赔事件	索赔事由	索赔要求	索赔结果	事件评价
事件1				
事件2				
事件3				
事件4				
事件5				

引导问题4:请选择本次合同履行中,一个合同索赔事件,完成以下任务。

1. 重新做出工作安排。

_____
_____
_____
_____

2. 制定相应的索赔方案。

_____
_____
_____
_____

3. 设计一个索赔谈判方案。

_____
_____
_____
_____
_____

四、任务评价

1. 完成表4-4 的填写。

任 务 评 价 表 表4-4

考 核 项 目	分　数			学生自评	小组互评	教师评价	小　计
	差	中	好				
是否具备团队合作精神	1	3	5				
是否积极参与活动	1	3	5				
工作过程安排是否合理、规范	2	10	18				
陈述是否完整、清晰	1	3	5				
是否正确灵活运用已学知识	2	6	10				
是否遵守劳动纪律	1	3	5				
此次索赔管理是否满足任务要求	2	4	6				
此项目工作重点是否准确	2	4	6				
总　　计	12	36	60				

教师签字:　　　　　　　　　　　　　　　　　　年　　月　　日　得　分

2. 自我评价。

(1)完成此次任务中存在哪些问题?_____
_____
_____

(2)产生问题的原因是什么？_____

_____

_____

_____

(3)请提出相应的解决方法：_____

_____

_____

_____

_____

(4)你认为还需加强哪方面的指导(实际工作过程及理论知识)。_____

_____

_____

_____

五、拓展训练

【案例1】

某建设单位有一宾馆大楼的装饰装修和设备安装工程,经公开招标投标确定了由某建筑装饰装修工程公司和设备安装公司承包工程施工,并签订了施工承包合同。合同价为1 600万元,工期为130天。合同规定:业主与承包方"每提前或延误工期一天,按合同价的万分之二进行奖罚""石材及主要设备由业主提供,其他材料由承包方采购"。施工方与石材厂商签订了石材购销合同;业主经与设计方商定,对主要装饰石料指定了材质、颜色和样品。施工进行到22天时,由于设计变更,造成工程停工9天,施工方8天内提出了索赔意向通知;施工进行到36天时,因业主挑选确定石材,使部分工程停工累计达16天,施工方10天内提出了索赔意向通知;施工进行到52天时,业主方挑选确定的石材送达现场,进场验收时发现该批石材大部分不符合质量要求,监理工程师通知承包方该批石材不得使用。承包方要求将不符合要求的石材退换,因此延误工期5天。石材厂商要求承包方支付退货运费,承包方拒绝。工程结算时,承包方因此向业主方要求索赔;施工进行到73天时,该地遭受罕见暴风雨袭击,施工无法进行,延误工期2天,施工方5天内提出了索赔意向通知;施工进行到137天时,施工方因人员调配原因,延误工期3天;最后,工程在152天后竣工。工程结算时,施工方向业主方提出了索赔报告并附索赔有关的材料和证据,各项索赔要求如下:

1. 工期索赔

(1)因设计变更造成工程停工,索赔工期9天;

(2)因业主方挑选确定石材造成工程停工,索赔工期16天;

(3)因业主石材退换造成工程停工,索赔工期5天;

(4)因遭受罕见暴风雨袭击造成工程停工,索赔工期2天;

(5)因施工方人员调配造成工程停工,索赔工期3天。

2. 经济索赔

$$35 \text{ 天} \times 1600 \text{ 万元} \times 0.02\% = 11.2 \text{ 万元}$$

3. 工期奖励

$$13 \text{ 天} \times 1600 \text{ 万元} \times 0.02\% = 4.16 \text{ 万元}$$

问题:

（1）哪些索赔要求能够成立？哪些不能成立？为什么？

（2）上述工期延误索赔中，哪些应由业主方承担？哪些应由施工方承担？

（3）施工方应获得的工期补偿和经济补偿各为多少？工期奖励应为多少？

（4）不可抗力发生风险承担的原则是什么？

（5）施工方向业主方索赔的程序如何？

【案例2】

某饭店装修改造工程项目的建设单位与某施工单位按照《建设工程施工合同（示范文本)》签订了装修施工合同。合同价款为2 600万元，合同工期为200日历天。在合同中，建设单位与施工单位约定:"每提前或推后工期一天,按合同价的万分之二进行奖励或扣罚"。该工程施工进行到100天时,经材料复试发现,甲方所供应的木地板质量不合格,造成乙方停工待料19天,此后在工程施工进行到150天时,由于甲方临时变更首层大堂工程设计又造成部分工程停工16天。工程最终工期为220天。

问题:

(1)施工单位在第一次停工后10天,向建设单位提出了索赔要求,索赔停工损失人工费和机械闲置费等共6.8万元;第二次停工后15天施工单位向建设单位提出停工损失索赔7万元。在两次索赔中,施工单位均提交了有关文件作为证据,情况属实。此项索赔是否成立?

(2)在工程竣工结算时,施工单位提出工期索赔35天。同时,施工单位认为工期实际提前了15天,要求建设单位奖励7.8万元。建设单位认为,施工单位当时未要求工期索赔,仅进行停工损失索赔,说明施工单位已默认停工不会引起工期延长。因此,实际工期延长20天,应扣罚施工单位10.4万元。此项索赔是否成立?

【案例3】

某幕墙公司通过招投标直接向建设单位承包了某多层普通旅游宾馆的建筑幕墙工程,合同约定实行固定单价合同。工程所有材料除了石材和夹层玻璃由建设单位直接采购运到现场外,其他材料均由承包人自行采购。合同约定工期为120个日历天。合同履行过程中发生下列事件:

1.建设单位直接采购的夹层玻璃到场后,经现场验收发现夹层玻璃采用湿法加工,质量不符合幕墙工程的要求,经协商决定退货。幕墙公司因此不能按计划制作玻璃板块,使这一工序在关键线路上的工作延误15天。

2.工程施工过程中,建设单位要求对石材幕墙进行设计变更。施工单位按建设单位提出的设计修改图进行施工。设计变更造成工程量增加及停工、返工损失,施工单位在施工完成15天后才向建设单位提出变更工程价款报告。建设单位对变更价款不予认可,而按照其掌握的资料单方决定变更价款,并书面通知了施工单位。

3.建设单位因宾馆使用功能调整,又将部分明框玻璃幕墙改为点支承玻璃幕墙。施工单位在变更确定后第10天,向建设单位提出了工程变更价款报告,但建设单位未予确认也未提出协商意见。施工单位在提出报告20天后,就进行施工。在工程结算时,建设单位对变更价款不予认可。

4.由于在施工过程中,铝合金型材涨价幅度较大,施工单位提出按市场价格调整综合单价。

问题：

分别对上述 4 个事件：

(1)幕墙公司可否向建设单位提出工期补偿和赔偿停工、窝工损失？为什么？

(2)建设单位的做法是否正确？为什么？

(3)建设单位的做法是否正确？为什么？

(4)幕墙公司的要求是否合理？为什么？

参 考 文 献

[1] 危道军.招投标与合同管理实务[M].北京:高等教育出版社,2005.

[2] 张宝岭,高晓声.建筑工程投标实务与投标报价技巧[M].北京:机械工业出版社,2006.

[3] 李启明,朱树英,高晓声.工程建设合同与索赔管理[M].北京:科学出版社,2001.

参考文献